中国人居印象 75 年

（1949－2024）

中国可持续发展研究会人居环境专业委员会
国家住宅与居住环境工程技术研究中心 　主编

中国城市出版社

图书在版编目（CIP）数据

中国人居印象75年：1949-2024 / 中国可持续发展研究会人居环境专业委员会，国家住宅与居住环境工程技术研究中心主编. -- 北京：中国城市出版社，2024.

10. -- ISBN 978-7-5074-3773-7

I. X21

中国国家版本馆CIP数据核字第20242L6R10号

责任编辑：宋　凯　毕凤鸣

责任校对：赵　力

中国人居印象75年（1949-2024）

中国可持续发展研究会人居环境专业委员会
国家住宅与居住环境工程技术研究中心　主编

*

中国城市出版社出版、发行（北京海淀三里河路9号）
各地新华书店、建筑书店经销
华之逸品书装设计制版
建工社（河北）印刷有限公司印刷

*

开本：787毫米×960毫米　1/16　印张：14¾　字数：239千字
2024年10月第一版　　2024年10月第一次印刷
定价：58.00元
ISBN 978-7-5074-3773-7
（904774）

策　　划：张晓彤

主　　编：中国可持续发展研究会人居环境专业委员会

国家住宅与居住环境工程技术研究中心

执行主编：李　婕

采　　写：高秀秀　李　阳　李易珏　吴泓蕾

我们的人居印象

"令我印象最深刻的还是佤族民居"

"最直观的印象当然是这里的自然风光"

"云南的物种更加复杂"

"这边的小吃非常丰富,并且具有民族特色"

"走出学校,真正走进、融入这里的生活,就会发现边疆小城的不同与独特魅力"

"总体来说,这里给我最大的感受就是宁静"

安琦、刘芮、裴婧仪、杨瑶、陈子彦、康雪儿、李婧怡

中国农业大学支教学生。

"我经常想,半个多世纪前乌审召所开创的治理沙漠、建设草原的道路是非常正确的,这就是坚持可持续发展的生态建设的道路,我的选择是正确的。我20岁入党,有66年党龄了,我这一辈子没有辜负党和人民,值了!"

宝日勒岱

女,30后,蒙古族,内蒙古自治区鄂尔多斯市乌审旗人,曾任中共内蒙古自治区党委书记,中共第九届、十届、十一届中央委员,第四、五届全国人大常委会委员,1960年曾获全国三八红旗手称号。

这不仅仅是居住环境的改变，更是生活质量的一次飞跃。搬进新家的那一刻，我们全家都感到幸福和满足。这里不仅是我们生活的地方，更是我们心灵的归宿。我们期待着在这个新家里度过更多美好的时光，留下更多珍贵的回忆。

曹蕊

女，00后，汉族，山东菏泽人，广西师范大学学生。

我们一家人经过商量后，决定选择政府规划的地基在老家为父母建新房，让他们老了"落叶归根"，我们也有家的念想。想到父母的"新房"梦也要变成现实，有党的好政策，一家人的"新房"梦都要梦想成真，我们全家看提有多高兴了，未来可期，想着真让人心甜。

陈金太

男，70后，汉族，贵州遵义人，酷爱文字，作品在各级党报党刊以及新媒体网站上发表，在各类参赛中多次获奖。

林芝地区雨量多，又有丰富的森林资源，当地少数民族住宅因地制宜，就地取材，搭建民族特色的民居。

单增次仁

男，80后，藏族，西藏自治区林芝人，国企干部。

我们家终于住到了城市中央广场。在这里，交通便利，购物方便，还可以参加各类群众活动，能够按照城市人的节奏生活了。周围很多老年人出来晒太阳、聊天，我们也经常一起聊聊我们老年人的身体和心态。

董学文、金燕霞夫妇

40后，汉族，宁夏回族自治区人，赤脚医生、乡中学老师。

回顾这几处住房，虽然现在的小区环境和住宿条件都不错，但是我还一直希望有机会，还能居住在老家的这栋楼房中。不是对于独栋的需求，而是对田园农耕的梦想，过上日出而作、日落而息，宁静的、诗意的田园生活吧。

段美春

男，80后，汉族，重庆人，西南大学副教授。

村里不管搞什么建设，都会召开村民代表会征求村民的意见。比如建住房，我们前前后后制定了4个方案，根据村民的需求，我们调整方案，然后大家去投票。尽管这样也不是100%都会满意，但是尽量做到让大家满意。

范振喜

男，60后，汉族，河北承德人，时任承德市滦平县张百湾镇周台子村党支部书记。

从上班到退休，从20世纪70年代末到21世纪10年代初，一晃就是三十多年，正是改革开放人们生活日渐富裕的年景，我有幸见证过很多新人的婚礼，参观过很多家庭的婚房，算是个世事变迁见证者。

郭连君

男，50后，汉，黑龙江哈尔滨人，退休国企干部。

这些年来我住过的地方，我对广东汕尾时期的住房印象最深，因为住过瓦房、铁皮房、居民楼，变化比较大。但最值得回忆的还是住在湖南外婆家的几年，总是会回想起小时候的事情，没有很大的烦恼，在一片荒凉的田地里面打滚都能很开心。

何婷梅

女，80后，汉，湖南人，在湖南、广东打工、经营民宿。

我把起居室当作自己的办公室，早上坐在办公桌前工作到午饭时间。午饭前，我喜欢绕着大楼散步半个小时。建筑周围的每条街都是步行街，这使得步行或骑自行车更加舒适。此外，一些其他小区的人也喜欢来我们的社区下棋、打乒乓球或在健身器上练习。我们非常幸运，小区里就有这么多公共设施。

José Manuel Ruiz Guerrero

男，80后，西班牙人，2012年来到中国北京，建筑师。

对于我们家乡未来的发展方向，女儿想应该就是旅游业、特色农业、林业等多方面共同发展。我则认为想致富，先修路，基础设施的修建和完善是未来发展的第一步。所以不难看出，我们所需要做的最大努力还是在对区域环境的设计、规划、改建以及对环境美好现状的维护和环境问题的解决。我们相信未来我们的家乡一定是个既拥有美丽自然环境，又拥有美好人文风情的宜居乡村。

康斌安

男，70后，土家族，湖北恩施人，公司职员。

从狭窄拥挤的学区房到宽敞明亮的商品房，从杂乱无章的社区环境到整洁宜人的居住空间，每一步变迁都见证了哈尔滨市人居环境的巨大飞跃。这不仅仅是砖瓦与墙体的更迭，更是生活品质与心灵归属感的深刻提升。

陈海燕

女，70后，汉族，黑龙江哈尔滨人，中央金融企业管理层职员。

每个城市都有着自身的特色和特殊的记忆，如今已经有越来越多的人认识到城市记忆的重要性，人居环境改善是一个长期战略，绝对不是10年、20年，它一定是50年、100年。

李洪勤

男，60后，汉，山东青岛人，退休职工。

"房子是用来住的，不是用来炒的"。当房子不承载那么多东西，变成一个能够遮风挡雨、能让人睡个安稳觉的地方的时候，它就变得很简单、很纯粹了。

李鹏飞

男，80后，汉，湖南郴州人，现工作生活在广东深圳，公司职员。

回望过去，道路上总会飘着一些灰尘；而现在，一眼望去，干净无比，绿化带、斑马线、隔离线，整齐清晰，让人心旷神怡。

杨继侠

女，70后，汉族，安徽芜湖人，自由职业。

我母亲的房子这几年也翻新了，屋子有精美的雕花大梁和敞亮的阳光房，又美观又大气，一家人可以一起在里面晒太阳，活动身体，日子越过越美了。过去的日子全部都是好日子，人生每个阶段都有每个阶段的幸福，知足才能常乐。

马占荣、韩萍夫妇

80后，回族，青海西宁人，餐馆老板。

中国有"基建狂魔"的别称，从历史上看，对新基建的追求是深植于国人骨子里的基因，新城、新区、新路、新桥，都是从一个个具体方面表现出中华民族对美好的追求！

牛存启

男，70后，汉族，河南安阳人，国企职员。

大寨村坚持扶贫旅游开发，这20多年来，从道路基础设施，到游览的便利性，再到村民接待游客的能力和村民意识上，都发生了翻天覆地的变化。如今大家都知道梯田景区就是自己的"铁饭碗"，村民们保护梯田景观的意识也有所提高。

潘保玉

男，70后，瑶族，广西壮族自治区桂林人，曾任龙胜各族自治县大寨村村委主任、书记。

回顾以前，兴趣使然也好，国家需要也好，我从知识青年成为建造师，从建造师成为建筑设计师，再传帮带培养年轻人，我觉得非常满足。希望我的晚辈和后生们都能青出于蓝而胜于蓝。

卿志山

男，50后，汉族，江西人，广西蓝天科技股份有限公司原副院长。

这些改变不仅让我们的生活更加便利和舒适，更多的是精神层面的满足和自信。我们曾经在贫困中度过，但现在，通过教育和政策的支持，我们有了更多的机会，更多的选择，让我们的生活更加丰富和多彩。

覃江霞

女，80后，土家族，贵州省铜仁市人，私企员工。

从少年到中年，四十载，我似乎没有真正意义上离开过校园，见证了几个不同城市的校园环境变化。目前，我还没有搬离校园居住的计划，期待着数字化新时代校园人居环境新貌。

王长柳

男，80后，汉，海南海口人，西南民族大学副教授。

高楼大厦，电梯上下，柏油马路，四通八达，一元公交，方便实惠，文明城市，美丽家园，精米细面，大鱼大肉，收入稳定，衣食无忧，时代进步，社会发展，欣欣向荣，繁荣昌盛。感恩祖国，感恩社会，喜逢盛世，国泰民安。

王光政

男，60后，汉，山西晋城人，退休工人。

站在宽敞明亮的客厅，望着窗外车水马龙的城市景象，心中涌动着无限感慨。这一路走来，见证了个人奋斗的历程，也目睹了时代赋予的居住环境的巨大变迁。

吴向阳

男，70后，汉族，河南信阳人，科研人员。

2024年春节，我回了一趟老家，感觉家乡的变化还挺大，变化最大的是村里的环境。以前院门前是土路，最近两三年，院门前修起了水泥路和路灯，通车条件比之前好了很多。村里也有共享电动车，还能打到出租车了，去镇里比以前方便多了。

杨月关

女，70后，汉族，云南曲靖人，全职妈妈再就业。

城市彰显着我们的发展，乡村凝结着我们的文化，如果能够平衡二者的优势，让乡村有更多的发展机遇，让青年更多地回到故土，无疑会有利于我们国家的乡村振兴、青年发展和文化传承。希望这一天能随着国家现代化的脚步，在不久的将来变成现实！

翟家慧

女，00后，汉族，河南濮阳人，中央民族大学学生。

在我人生的40年里，从乡村到城市，再到现代化大都市；从土屋到砖瓦房，再到如今的高楼大厦；从木质家具到电器家具，再到智能化家具，这些翻天覆地的变化是国家变化的缩影。

张婷

女，80后，汉族，山西忻州人，目前定居新疆喀什，自由职业者。

要想富，先修路，我家乡的道路从泥巴路到水泥路再到沥青路的变迁，也包含了许多的情，路的变化也是人们生活变化的一个缩影，人们的生活一直在向好的方向发展。

周宸浩

男，00后，汉族，四川简阳人，中央民族大学学生。

我很喜欢海南这套房子，也许是老了的缘故，惧怕孤独。我喜欢这类似平房小院的布局，它让人们感到温暖和亲切。

朱立新

女，50后，汉族，北京人，退休教师。

"哇，你家好美呀！"自从我在微信朋友圈晒自己家的房子，便经常会听到这样的赞美。其实，每个人都有自己梦想中的家。于我而言，打造现在的家，我用了整整20年的时间。

朱清清

女，汉，浙江安吉人，机关干部。

编者的话

　　"山河无恙，人居有方。"人们的居住环境不仅是物质生活的基础，更是精神归属的栖息地。从新中国成立的那一刻起，每一砖一瓦，每一座城市的崛起，都承载着历史的重量与人民的梦想。这七十五年，见证了从简陋到繁华，从单一到多元，从需求到愿景的深刻转变。每一个转折点，都是时代精神的体现，是生活艺术的展现，更是人类智慧的结晶。

　　《中国人居印象75年(1949-2024)》邀请了三十多位来自五湖四海、各行各业的代表人物，他们以个人的视角，讲述着各自与居住环境的故事。从老一辈的回忆，到年轻一代的憧憬，再到国际友人的观察，这些声音如同一列列诗行，串联起了时代的旋律，让我们得以窥见那些被历史尘封的瞬间，感受那份深深植根于土地的情感。我们感谢这些普通人，他们的故事如同一面面镜子，反射出时代的印记和人居环境的演变。无论是在快速发展的城市中，还是在乡村深处的岁月流转间，每一个声音都是时代变迁中不可或缺的一部分。

　　"中国人居印象"系列自问世以来，每十年更新一部，旨在全面回顾居住环境的历史变迁。作为中国可持续发展研究会人居环境专业委员会的成员，我们从事着和人居环境建设相关的标准制订、技术集成、工程示范和能力建设工作，有更多机会倾听各界朋友对于"人居"的印象，也深知，随着社会经济的发展和人们生活水平的提升，大家对于人居环境质量的要求正在发生快速的变化。为了更及时地反映和分析这些变化，我们将文集的更新频率调整为每五年一部。这一调整，是为了更紧密地贴近现实，捕捉居住环境变化的最新动态，为读者带来更加鲜活的人居群像。

《中国人居印象75年(1949-2024)》不仅是一份献给祖国75岁生日的礼物，也是对中国人居环境建设历程的深情回望，更是一份面向未来的期待、一份人们对未来美好生活的向往。这部文集，不仅是一段旅程的终点，更是下一段征途的启程，在这个新的起点上，让我们携手前行，用智慧与勇气，书写属于我们时代的居住新篇章。

编者：张晓彤、李婕、高秀秀等

2024 年 8 月

目　录

镇康人居印象

安琦　刘芮　裴婧仪　杨瑶　陈子彦　康雪儿　李婧怡

安琦

"令我印象最深刻的还是佤族民居"

在镇康居住的这一年，去过了许多地方，也欣赏了不同民族的聚落。令我印象最深刻的还是佤族民居。佤族聚居在澜沧江边，重峦叠嶂，属亚热带气候，雨量充沛，湿度大，每年半数日子都在云遮雾缠之中，其建筑充分考虑到

防水防潮，极具特点。佤族的民居一般建在大山里平缓的小山顶上，真正的佤族传统民居是"四壁落地房"，即以3根带长杈原木作柱梁，用平直的细木条作椽子，椽子上覆盖事先编好的茅草排，用藤条绑扎固定。在这样的民居之中，佤族人民保持着日出而作，日落而息的生活方式，虽然节奏缓慢，但佤族人心中仍怡然自得。

刘芮

"最直观的印象当然是这里的自然风光"

最直观的印象当然是这里的自然风光。和书上描述的一样，这里真的很美。与北方的四季分明不同，这里仿佛真的一年四季都是春天，因为随处可见绿油油不会变黄掉叶的树木与灿烂夺目不会枯萎的各色花朵，不管什么时候抬头看，天空都是蔚蓝色的，没有雾霾，没有沙尘暴，是在大城市感受不到的大自然，随便拍张照片都是风景。可能唯一遗憾的就是看不到雪吧，没有白雪皑皑洗刷一切的纯洁感，也算有得有失了。

裴婧仪

"云南的物种更加复杂"

在物种上，云南的物种更加复杂，不论是植物还是动物，都有很多没有见过的。去一趟农贸市场，你会很惊奇，也会收获满满，好奇地问东问西"这是什么，那是什么"。而动物的多样性更多体现在昆虫上，这儿由于天热潮湿，虫子也更多些，蟑螂、飞蚂蚁等就不必多说，还有许多不认识的物种。

杨瑶

"这边的小吃非常丰富，并且具有民族特色"

在饮食上，这边的小吃非常丰富，并且具有民族特色。酸芒果、酸木瓜……你会发现这边的许多小吃都是酸的，这边的米线也有酸味，甚至在吃烧烤时也会配一个酸酸的蘸料，这也就是他们所说的傣味。在一开始的时候，我们许多人都吃不惯，但是经过一次次的尝试之后，会逐渐接受并且爱上这个味道。除了傣味，我感觉这边的牛肉非常好吃，瘦的不柴，肥的不腻，并且吃的时候能够感受到一股奶香味，可以说这边的牛肉是我迄今为止吃过的最好吃的牛肉。当我每次工作劳累或者心情不好的时候，都会去吃上一碗牛肉饵丝或者一顿牛肉火锅，吃完之后烦恼和疲惫都早已不见。

陈子彦

"走出学校，真正走进、融入这里的生活，就会发现边疆小城的不同与独特魅力"

在新城，有开阔的双向六车道，整齐的行道树，政府各部门大楼、事业单

位、银行、商户、餐饮、中大型超市，真是琳琅满目。而我们所支教的校园，依山傍水，进入校门的主干道旁分布着子衿亭、"惜时园"日晷喷泉、校史馆、图书馆、篮球场、升旗广场和最重要的初中部、高中部教学楼。向内延伸，在主干道的尽头，有一个丁字路口，把校园教学区同路对侧的生活区分开，路旁伫立着一排四书五经的经典语句。整体上，这是一座现代的、建设完备的新城高中。

　　县政府对面的人民广场，对称设计，有树有河。在进入广场前，会听到广场舞音响此起彼伏的节拍声，步入广场，则会缓缓出现三弦琴的声音和陀螺被击打的声音。这两者代表了镇康特色的"阿数瑟"打歌文化，以及陀螺文化。两者一文一武，刚柔并济，散发着民族地区的文化之美。

　　来到镇康支教，意料之中的是环境的秀美独特，意料之外的是这里拥有良

好的基础建设。而人文环境中，最吸引人的，是多民族交融中形成的新文化。

康雪儿

"总体来说，这里给我最大的感受就是宁静"

第一次来到这边是一个小雨淅沥的下午，当地老师带着我们乘着这边特有的高尔夫球式公交车绕了半个县城，两元一人，挥手即停。在车上我们大致了解了这座县城，它被分为新城和老城两个部分，新城有密集的服装业、餐饮业、生活超市，政府机关、中心广场、客运站和大部分的银行也坐落于新城范围，新城的规划整齐，不同功能的场所基本被集中到了一起，相比之下，老城就显得随意松散了些，居住区、商业区和学校被杂糅在了一起，互相穿插，一些少数民族聚集的寨子也分布在内，成为老城中独立的区域。

我在镇康县居住的小区叫作疆城家园，属于这边的政府公租房小区，坐落于新城范围内，距离学校和政府机构都非常近。小区旁边就是公园，有湖泊、步道、湖心亭和健身器材，湖中有黑天鹅，也会有一些野鸭，每天我都会在绿荫之下，沿着湖边的步道，往返于学校与家中，偶尔下晚自习回家时，会看到有人静坐湖边垂钓，此时我便会放轻脚步，降低说话的声音。

大漠深处有人家

宝日勒岱

　　我的老家在鄂尔多斯市乌审旗乌审召镇，地处毛乌素沙漠腹地。"毛乌素"的意思是不好的水，水里面会有寄生虫，水质很差，马、羊和人如果喝了会生病，在这样的沙漠腹地，饱受风沙的侵袭，又没有安全的水源，生活环境是十分恶劣的。经过几代人60多年坚持不懈地治沙，现在的毛乌素沙漠变成了绿洲，牧民的生活得到了极大的改善。

　　在我小的时候，牧民们逐草而居，然而在70%都是沙丘的毛乌素沙漠，则尤为艰难。那时牧民常说"出门一片白沙梁，一家几只黑山羊，穿的是破皮袄，住的是崩崩房"。牧民们会在好不容易找到的草地上用沙柳条编织做房间的骨架，再盖上毡子，建一间简易的"崩崩房"用于临时居住。沙漠上经常会有沙尘暴，沙尘暴过后，崩崩房都会被埋起来，黑山羊跑到了房顶上，牧民们又得去寻找下一片可以安家的草地。在沙漠中放牧，牧民们经常吃不上东西，地里的各种野草和草籽就成为很好的充饥食物，比如苦菜，挖起来后用热水烫一下，然后与酸奶拌着吃。还有一种沙漠植物叫沙蒿，将它的种子处理完后剁碎也可以吃，还有秋天的沙棘果是很好的水果。

　　到了20世纪50年代，牧民们不以游牧为主了，每家划定一片草场，盖起了结实的"崩崩房"。崩崩房依然就地取材，用沙柳条编织做骨架，泥沙填充做墙体，房顶盖上干草，再安上干草或沙柳条编织的门，家境好一些的人家搭建的"崩崩房"看起来结实耐用，外形类似窑洞。牧民们定居后，不仅仅依靠放牧为生，也开始种植粮食，生活好多了。可即便如此，恶劣的环境还是给人们的生活带来很多的困难。比如在用水上，当时离得近的几户人家共用一口水井，这边的水井是与地面持平的，所以当沙尘来临，大家都会用牛皮盖住井口，并压上大石头。但当沙尘特别严重的时候，往往沙尘过后根本就找不到井口，这时用水就是很大的问题，牧民们只能从很远的地方背水用。大家在各自的草场居住，住得比较分散。新中国成立后村里成立了互助合作社，组织牧民集中起来帮助每一家做一些需要大量劳动力才能完成的事情，比如在冬天来临之前杀羊做冬储肉，这是项大工程，互助社就组织起来挨家挨户地帮忙。还有当时的"崩崩房"在风沙过后，仍然难逃被沙尘掩埋的命运，互助社也会组织起来帮助各家各户清理沙子，把房子挖出来等。互助社的成立拉近了牧民们的关系，增进了大家的感情。

崩崩房

我 9 岁的时候，由于家境实在困难，被寄养在养母家，当时负责家里所有的家务，放羊、挤奶、照顾小羊羔等，还要照顾生病的养母。我平时干活任劳任怨，吃苦耐劳，还乐观向上，养母和当地牧民都很喜欢我。我 12 岁那年乌审召解放了，成立了互助社，我积极地加入了。在那段时间我通过自学和夜校进行文化扫盲，拿着书在沙梁上写字，虽然不会读，但我都会写，后来有老师来教，我学会读写，是班里的好学生。当时我在互助组、初级合作社和高级合作社中都是骨干，16 岁当选了当地初级合作社的副社长，18 岁担任了高级合作社副社长并加入共青团。20 岁时我光荣地加入中国共产党，并且担任大队副队长和共青团支部书记。

在沙漠出生和长大的我深切体会到牧民们生存的艰难，乌审召的大沙漠太需要绿化了。把沙固定住，草就保住了；草保住了，人和羊就都有食物了。当时牧民们经常会从远处背沙蒿和沙柳用来烧饭和取暖，这些植物在沙漠是能生长的，于是就产生了一个想法，我要把它们种在沙梁上，让沙漠绿起来。当时毛主席号召"绿化祖国"，对我是极大的激励。我们组成了青年突击队，我带着 61 名共青团员和社里的青年男女满含希望地在沙梁上种沙蒿、沙柳。但事情远没有我们想的那么顺利，一场风沙，就几乎吹走了所有的树苗，有一次种了 30 亩仅仅留下了可怜的 3 棵，有的人开始嘲讽，有的人开始泄气，可是我看到的是活了 3 棵。只要有活的，就有希望，这次是 3 棵，以后就可以活三百、三千、三万棵。就这样，在种下被吹走，又种下又被吹走，那就接着种的反反复复过程中，我们也不断地总结经验。沙梁上种不活，就在有水又能躲过太阳的沙梁脚下种，我们给沙梁套上"脚绊子"让它跑不了，再给他披上"绿褂子"。

治沙

（图片来源："暖新闻""鄂尔多斯林草发布"微信公众号）

在党和政府的正确领导及关怀下，我带领着乌审召的牧民群众坚持不懈地治沙建草原，当时乌审召被誉为"牧区大寨"，成了全国学习的榜样。在这期间我们打破迷信，铲除了被称为"阿尔善"草（圣草）的毒草——醉马草，除了找到种沙蒿和沙柳的好办法，我们还发现在流沙上种植旱柳高杆、杨树的成活率比较高，除了固沙还能为牛羊提供很好的饲料，后来种下的乔木形成了"空中牧场"，当绿化达到一定规模，我们开始自己育苗，再也不用从外地运输苗木。我们的工作让牧民们渐渐看到了希望，就这样一点点摸索总结经验，眼看着无边无际的大沙漠一点点变绿。10多年中，我们在沙漠中栽林20万余亩，种草4万余亩，禁牧封育12万余亩，改良草场8万余亩。当年我发誓要"向沙漠要草、要木、要料、要树"的誓言，可以说实现了，不过其中的苦和难是难以想象的。我们不仅要和恶劣的环境作斗争，还要顶着一些人的封建迷信思想和冷嘲热讽，而当时的"文化大革命"对我影响很大，多亏了当地能够理解我们的牧民给我温暖和照顾，更感谢我们的周总理，他知道我们当时治沙的事迹，他的信任和鼓励让我重获新生，让我全身心投入治沙工作中。之后我们又得到国家、自治区、旗各级领导的关怀和支持，我们也不负众望，在治沙的实践中，不断总结出了"乔灌草结合""穿靴戴帽""前挡后拉""草库伦"等科学治沙方式，在全国得到了推广，也引起"世界防治荒漠化组织"的重视。

"草库伦"这种形式是乌审召的创举，简单来讲就是以户为单位进行围封，牧民在自己围封的区域内放牧、栽树种草，并进行保护。一片片的"草库伦"

20 世纪 60 年代民居

20 世纪 80 年代大瓦房

20 世纪 90 年代房屋外墙贴上了瓷砖

现在宽敞透亮的房屋和院落

（图片来源："乌审旗发布"微信公众号）

把沙地包围起来逐渐"吃掉",绿化面积逐渐扩大,扩大到村子,再过渡到乡镇、旗和区。这种形式一直延续到现在,"草库伦"的形式和功能也随着生产和生活方式的改变而更加多样化。由过去的单纯围封草场发展为围封放牧、草林料结合、乔灌草结合治沙等不同的"草库伦"建设形式;由过去的小型"草库伦"发展为大、中、小型不同规模的;由过去的只解决冬春缺草的抗灾"草库伦"发展为实施集约化经营的划区轮牧"草库伦";由过去的只围封天然草场发展为围封沙丘、流沙地,采取综合治理的建设措施;由过去只为发展牧业经济提供饲草料,发展为综合建设、多种经营、独具特色的库伦经济。

到 20 世纪 80 年代,治沙取得了很好的效果,牧民的生活已经得到极大改善,到 2000 年后有了显著的生态效益和经济效益,国家也加大了投入。现在牧民们把居住的房子建在了自己的"草库伦"里,还建起了羊棚、牛棚和草棚,自来水、电、气、网络、道路等各类基础设施全部入户。住人的房子从最初的"崩崩房",到现在宽敞明亮的房屋,甚至两层或三层小别墅,当年的羊棚、牛棚也变成了现在可以自动化喂养的先进养殖场。现在乌审召的环境大有改善,牧民们从游牧到定居,再到建起高效益的家庭牧场,过去风沙埋屋,人畜受冻挨饿的景象一去不复返了。

我今年 86 岁,退休后也经常回到乌审召,退休 20 年间奔波了 80 多次,去看看那里的治沙情况,给需要帮助的老百姓当顾问,也会参与植树。当年种下的树,已经几个人才能合抱了。现在从中央到地方政府都非常重视治沙,过

去还有人反对，但现在所有人都行动起来，大家都有这个意识，连小孩子都不会随意折树枝。看着绿树成荫、牛羊遍地，牧民们生活不但衣食无忧，而且越来越富裕，我由衷地高兴和欣慰，当时的努力没有白费啊。我经常想半个多世纪前乌审召所开创的治理沙漠、建设草原的道路是非常正确的，这就是坚持可持续发展的生态建设的道路，我的选择是正确的。我20岁入党，有66年党龄，这一辈子没有辜负党和人民，值了！！

红船扬帆起航

——忆我的家乡小镇居住环境变迁时光

曹　蕊

　　扬帆起航的红船，说的是我的家乡——红船镇。明永乐年间，有艘大红官船常停泊在此地，故得名"红船口"，后逐渐发展成为"红船镇"。

　　1998年，我出生在山东省菏泽市鄄城县红船镇。红船镇地处鲁西南平原，居鄄城东部、鄄郓交界处。这里是一代兵师孙膑的故里，战国时期，此地处阿鄄之间。元末薛、郭、徐、杨等姓来此建村，因位于瓠河（清代改名赵王河）两岸，是一个码头，故取名洪川口。清光绪年间，赵王河被大水淤平，又改称

红船镇土坯房旧照

红船。1957 年成立红船乡，1978 年建立红船公社，1983 年 12 月改为红船镇。新中国成立 75 年来，红船镇的居住环境焕然一新，下面我将依据祖父母、父母和我自己三代人的居住环境来叙述红船镇居住环境的蜕变与新生。

　　新中国成立后，随着农村经济的恢复，农民收入不断增加，人们开始考虑修建房屋来改善自身的居住条件，建造的房屋主要是沿袭 1949 年前的土房样式。那时候家庭生活条件差，两间破旧的土坯房里住着三代人，虽然拥挤但也其乐融融。

　　1978 年开始实行改革开放政策，特别是在农村开始实行联产承包责任制。自此，家家户户都把全部的热情和干劲放在责任田上，当年就解决了吃饭难的

1995 年我的母亲在堂屋客厅

1996 年我的父亲在当院大门口

1997 年我的母亲和大娘在堂屋客厅

2006 年家人们在当院

问题。两三年后，农民腰包鼓起来，便兴起了建房热潮，大批的人开始建造砖木结构的新式房屋，红船镇农村开始进入第二代住房时期。1990 年，我的父亲兄弟三人一起从事畜牧行业，在全家人的艰苦奋斗下，五年后我们终于住进了新的红砖房院落。土院墙变成砖墙，低矮阴暗的土房变成宽敞明亮的砖房，院落基本为四合院样式，即由房屋、院墙等四面合围而成的院落。整个院落主要由正房、配房、院墙、大门、照壁、茅厕及当院（古称天井院）等组成。我的父亲兄弟三人都是在这座红砖房院里结婚成家。叔叔婶婶结婚之前，大爷大娘搬到了独立的院子里，祖父母和叔叔婶婶住在正房，我父母住在配房。父母亲回忆说当时的家里室内陈设简单，主要有沙发、木柜、八仙桌、带扶手的圈椅、小木凳、挂钟等。墙壁用白灰抹面，屋内为水泥地面。墙上贴年画、戏剧照、家人照片。当年我的父亲是位时髦的青年人，他早早地就为家里添置了自行车、缝纫机、手表、收音机"四大件"。我对老院子的回忆还停留在一家人过节的时候，我和兄弟姐妹在院子里玩，大人们在烧锅做饭。高高的烟囱中冒出缕缕白烟，伴随着我们小孩子的笑声一起飘到院子的槐花树上，甚至是更高更远。

随着国家对农村发展的重视和投入的增加，红船镇的人居环境开始发生显著变化。政府加大了对基础设施建设的投入，修建了宽敞平坦的水泥路，安装了路灯，村庄的夜晚再也不是漆黑一片。同时，政府还积极推动农村住房改造，引导农民建设安全、舒适、美观的新居。1998年，红船镇为了促进经济发展，开发了位于镇北口省道两旁的用地用于建造门面楼。我父母于2000年住进二层门面楼房，每层有三室。彼时我刚满两周岁，我人生最早的记忆是从门市房开始的。2004年弟弟出生后，我们四口人搬到了二楼居住，一楼作为客厅和车库。每天最期待的就是在一楼吃饭的时候看电视，现在回想我的教育启蒙应该是DVD里的《西游记》《葫芦娃》这些动画片。家里的现代化电器也逐渐增多，席梦思床替代了爸妈的深绿色防震婚床。装饰柜、玻璃茶几、成套沙发、电冰箱、洗衣机等物品一件件进入我的家，楼上也都实现了电灯照明。虽然是挨着省道，但21世纪初汽车还没有普及，楼前只有少许的车经过，我和小伙伴们天天都举行自行车比赛，你追我赶，好不热闹！门面楼的后面是一大片农田，每年麦子成熟的时候，放眼望去整个世界仿佛都是金色的。我的义务教育就是在门面楼的前后面完成的。6周岁我开始上一年级，红船完小（现更名为红船镇中心小学）就在我们家门面楼的后面，隔着两亩地，用现在的话来形容，我家也是妥妥的学区房。我从小就独立大胆，每天都是自己骑自行车上下学。小学毕业后，我便升入了红船中学。非常巧合的是红船中学就在我家门面楼的前面，仅隔着一条省道。三年后，我去了县城继续读书。那时候高中学业紧张，一个月只能回家一次，于是我与门面楼这个"朋友"由朝夕相处变成了一月一相见。但每次回来都感觉有变化，省道变得越来越宽，楼前的车辆也越来越多。2017年我考上大学后，与门面楼只能寒暑假才相见，也是从这个时候开始，家乡于我只有冬夏，再无春秋。我对门面楼的记忆停留在了

2002 年我在门面房楼前

2007 年我和弟弟们在一楼客厅

高考结束后，我和小伙伴在楼前畅玩的那个炙热的夏天。

2009 年以来，山东省大力推进农村社区建设，越来越多的村庄建成了统一规划的新型社区。2018 年，红船镇积极响应号召，加快农村新型社区建设的步伐。我们家也荣幸地成为这一伟大变革的见证者和受益者。2019 年，金秋十月，我家搬进了宽敞明亮的社区楼房。房子三室两厅两卫，室内使用面积128 平方米，宽敞而舒适。客厅与餐厅相连，空间开阔，通透性好，让人觉得心情格外舒畅。此外，我们家还有一个 35 平方米的车库，不仅方便停放私家车，而且也为我们的生活提供了不少便利。这不仅仅是居住环境的改变，更是生活质量的一次飞跃。搬进新家的那一刻，我们全家都感到幸福和满足。这里

红船镇红船社区我的新家客厅

红船镇红船社区我的新家餐厅

不仅是我们生活的地方，更是我们心灵的归宿。我们期待着在这个新家里度过更多美好的时光，留下更多珍贵的回忆。

红船社区内部设计得十分人性化。宽敞的马路畅通无阻，车位充足，无论是日常出行还是访客来访，停车都异常方便。马路两侧绿树成荫，鸟语花香，仿佛置身于一幅美丽的画卷之中。社区里矗立着整齐划一的楼栋，前排楼栋还配备了门面房，村民们纷纷开设超市、饭店等，为社区增添了浓厚的生活气息。为满足不同家庭的需求，社区内设计了不同的住宅楼，既有5+1（5层加阁楼）的多层住宅楼，也有12层和17层的高层住宅楼。每栋楼都配备了电梯和车库，使得居民的生活更加便捷。更令人欣喜的是，每家都统一安装了太阳能板，在节约用电成本的同时，也为环保事业做出了贡献。此外，红船社区在基础设施建设上也下足了功夫。硬化道路宽阔平坦，水电供应稳定可靠，污水处理和垃圾收集系统完善，确保了居民生活的舒适与卫生。新建的群众文化广场更是成为大家休闲娱乐的好去处，体育健身器材的配备让居民们能够随时锻炼身体，保持健康。如今的红船社区，已经成为一个宜居宜业宜游的美丽家园。在这里，我们享受着现代化的生活设施，体验着浓厚的社区氛围，感受着家乡日新月异的变化。

在庆祝新中国成立 75 周年的辉煌时刻，红船镇的人居环境也迎来了新篇

红船镇红船社区入口门面房

红船镇红船社区 12 层住宅楼

红船镇红船社区党建示范片区党群服务中心

红船镇红船社区楼栋安装太阳能板示意图

章。如今的红船镇，已经是一个美丽宜居、生态环保的现代化小镇。社区道路宽敞平坦，房屋美观大方，绿树成荫、鲜花盛开，环境优美，服务便捷，小镇村民们的幸福感不断提升。从新中国成立初期的简陋与落后，到如今的现代化与宜居，红船镇人居环境的改善，是时代发展的见证，也是人民生活水平提升的缩影。展望未来，红船镇将继续坚持绿色发展理念，推动人居环境持续改善。我相信，在全体村民的共同努力下，红船镇将继续扬帆起航，人居环境将会迎来更加美好的明天，成为乡村振兴的典范和美丽中国的亮丽名片。

阳光照耀下的房屋

陈金太

每个人都有一个家，家是温馨的港湾，而房子就是避风挡雨最好的地方。说起房子，是人们生存的基本条件之一，而房屋的变迁也见证了历史的发展。"房子是用来住的"，有一套属于自己的房子是家家户户的梦想，我家的"新房梦"也诉说着一段难忘的故事。

一

天下父母心，给子孙留下些什么，其中建房就是每个中华儿女的心愿。

常听父亲说："我们居住的老房子是祖父一根木头一块木板挑选的，是他亲自和工人们一木一瓦盖成的，其中的多少根柱子、多少条檩子祖父都在脑海里记得清清楚楚。"这是祖父一辈子的心血，也是他留给后代的一份财产。

祖父是地地道道的农民出身，在农村如果哪家居住是个"草棚棚""土坯房"，一辈子没有住上新房是要被大家嘲笑的，说是"不理事"。

那个时期，村里分了一些木头到各家各户，这给村民建房提供了很好的机会。村里一栋栋木房子渐渐建起来了，条件稍微好些的建了五间。祖父是非常要面子的人，虽然家庭穷得连吃饭都揭不开锅，可是祖父还是向亲戚朋友东拼西凑借了一点，又通过农村"换活儿"的方法省了一些工钱，最终千方百计算是把房盖起了。房建好的那段时间，祖父高兴得几宿都睡不着。一家人吃饭时他就感叹道："我们终于也住上了新房，虽然欠下一些债务，但只要勤劳节俭这些钱迟早是要还清的。"

为了还清债务，祖父在外面做起了小本生意，他在大街小巷背着一些小吃吆喝，他做生意也有自己的生意经，他知道要做长久生意必须靠诚信经营，这样虽然只是微薄利润却有了一些固定客源，所以生意还是不错的，有的人家甚至愿意等也要在他那里买。爷爷常对我们说："吃不穷穿不穷不会计算一世穷。"加上奶奶起早贪黑织布变卖，也凑了一点钱。正是爷爷奶奶吃苦耐劳和精打细算，几年过后建房欠的钱终于还清了。

二

新房建成后，父亲和伯父两兄弟各分"一半"，可能是因为伯父家人口比我家多，所以祖父在分房的时候并没有做到真正"平均"，实际我家分的"一半"明显是"打折"的，而我家厨房还是用篱笆砌成的。我家只有三间房，其中二间只能刚好容纳一张床的房间确实显得十分拥挤，一间是过道，放了一个柜子和储藏谷物的"仓库"外，连从这间房屋经过都容不下两个人相对而行。特别是家里的窗户现在想来还是有些"独树一帜"，随意找了 2 块木块用钉子钉上，这是为了"防盗"（其实家里空空如也，也没什么值得盗的，但毕竟这样住着心理上踏实一些），其次再用一块塑料膜密封（这是为了保暖和让屋内采光好一些）。

虽然家里穷，但我们兄弟俩读书特别争气，每学期领奖状回家是铁板钉钉的事。这也给父母增加了一些苦恼，他们不知道如何处理这些奖状，当时每家每户都喜欢把孩子的奖状贴到屋内墙壁上，以此来显摆孩子的成绩。但我家屋内狭小，墙上贴满后剩下的奖状根本没有"容身之地"。我想了一个办法，将奖状重复张贴在上次的奖状上面，这样一来我们每年贴的都是新奖状，父亲苦恼的难题也迎刃而解。正是这样"袖珍型"的房子，我和弟弟住一间房，父母住一间，一家人就这样居住了好长时间。

三

直到外公一家搬进城里，我们家居住条件才有了改善。

舅舅跳出"农门"在城里购了房，外公外婆要照顾舅舅家孩子，外公外婆自然也从农村进了城，住进了城里。外公家农村的房屋也闲置了，外公和舅舅考虑我家居住条件不如外公家老房子宽敞，而且做农活也集中一些，于是三番五次劝父母搬到外公家居住。我们搬到外公家后，虽然也是木房结构，但房间明显多了好几间，还记得隔壁大外公家只要有亲戚来，他家房屋住不下都会住到外公家里，这时我心里有几分得意忘形，因为我们搬到外公家的房屋居住条件确实改善了许多，父母的选择是正确的。外公家的窗户也比起我们家也要讲究了许多，窗户是用木头镶成的一些小格子，再用厚实的塑料膜钉上，当然像外公家这种设计是当时农村家庭条件好的农户才肯花钱去做的。

虽然外公家的房屋要宽敞一些，但是外公家屋内屋外都是泥土地，由于当时没有水泥凝固，下雨天，我们在院坝上踩去，稍不留神就会栽跟头，而且鞋底上满是泥巴；而屋内，因为农村老鼠猖獗，地面上被这些讨厌的"家伙"钻得到处都是老鼠洞。记得妻子的家人来我家，当他们进屋看到这一幕，都夸张地到处摆谈，喜欢说长道短的舅妈更是到处边夸夸其谈边用双手比画多大的老鼠洞。

再说说卫生间，那个时候根本没有单独的卫生间，基本都是把猪圈和卫生间混合使用，稍微讲究一点的会在猪圈旁边隔一间屋作为卫生间使用。还有当时在农村根本看不到专门的洗澡间，农村人都是想办法解决个人卫生的问题，现在想来人们的智慧是无穷的，只要有克服困难的勇气，办法总会比困难多。

四

一代人都有一代人的愿望，虽然祖父辛辛苦苦为子孙留了房产。但到了父亲们这代人，因为家庭人口居住条件也需要改善，父辈们同年代的村里人也有的重新盖上了新房。"如果不是想到要供养你们两兄弟读书，我们家也应该住上了新房。只要你们好好读书，我们住差点都不要紧。"母亲经常这样鼓励我们好好读书。在父母的眼里，只要孩子能好好读书走出农村，比给他们盖新房改善居住条件要更让他们高兴。建新房对于农村人来说是一笔巨大的支出，如果当时父母真是把钱用在了建新房上，估计我们兄弟俩读书这事也会因为一贫如洗而耽搁了。父母为了供养我们读书才没有把仅有的辛苦钱用在建新房这事上，正是父母这种精神，也是他们的言传身教，我和弟弟都跳出"农门"，我们的命运也因此改变。看来，修建新房的钱用在培养孩子读书这事是值得的，但是父亲的新房计划真正成了一个梦想。

五

我和弟弟都是幸运儿，通过努力，我们兄弟都顺利考上学校找了一份工作。刚参加工作，我居住在单位提供的一间房屋，当时的建筑是砖木结构房，安了一张床后摆了书桌就没有剩余"空间"了。记得父母为了让我节俭存钱购房鼓励我，如果购房的时候我拿多少他们就补助相应的金额，即便这样因为年轻节俭意识不够，我也是"月光族"之一，所以父母补助金额的事就不了了之。

看到身边的同事有的已经购买新房，我心里也十分羡慕，虽然我也有购房的想法，但我那点微薄的工资对于住房简直是一件可望而不可即的事。在相亲的经历中，都有女方问是否在城里购房，面对这个问题总有些"尴尬"，那个时候，别说买房了，连自己的开支都要精打细算，这个"硬伤"给我心里很大的打击，也让我的相亲多次失败。

值得庆幸的是，我遇到了如今的妻子，她并没把我有没有住房条件作为择偶标准。我和妻子租了二室一厅一厨一卫的一套砖混结构房，但房屋面积只有40多平方米，自然每间房都是"玲珑小巧型"。特别让我记忆犹新的是每到下雨天，因为是老旧房屋有些漏雨，地面就是湿的，外面的公用厕所还会有一些青苔之类的，如果稍不留意就会摔跤。在租住的那段时间妻子正好有身孕，有一次就差点因为地滑而"流产"，还好非常幸运，到医院检查一切正常，我们心里才算踏实了。自从这次过后，我在心里暗暗发誓，我一定要有一套属于自己的房子。没过几天，我们夫妻重新找了一套安全的房屋租住，这套房是家属房，加上楼层不高，又是二室一厅一厨一卫，我们还是很满意的，我们夫妻二人为了让房主在不涨房租的情况下一直租给我们，还托朋友和房主说情。我们因此租住的时间很长，一直住到我们有了属于自己的新房。

六

在城里购房一直是我们夫妻二人的梦想，妻子为了想早点购买一套房子，在生下孩子不久，孩子还处于哺乳期，就急着到幼儿园上班，她一边上班一边抽空给孩子哺乳，辛苦但工资并不高，这让我感觉亏欠妻子的。后来妻子计算靠幼儿园那点工资根本不能解决购买房屋资金这个难题，她再三考虑开始做了生意。我们生活中省吃俭用，加上我的工资，夫妻二人精打细算凑了一笔钱。但对于购房这笔巨大的支出，这点存款简直是杯水车薪。有句话说得好："山重水复疑无路，柳暗花明又一村。"自开始实施住房公积金制度，作为普通工薪阶层的我也有了住房公积金，公积金制度后让我买房的心愿充满了底气。接下来，就是四处跑房地产公司看房子。终于经过多处比较后，我们在播州区看到了令自己满意的新房，这时已经流行电梯房（说起电梯房，农村没进城的老人听说可以坐在电梯内不动都能上下几十层，他们都说这是城里人瞎编的，怎么会有这样的"东西"能将人载上载下，真是不可思议），采用的是框架结构，据说这样可以防震，阳台上安装的是钢化玻璃，其余窗户都是铝合金窗。小区绿化、健身器材、游泳池和幼儿园配套设施一应俱全，住房的环境设施成了人们购房考虑的主要因素之一。人们过去是强调"能住得下"，解决有无问题；现在强调"要分得开"，解决基本的居住功能，重要的还是强调居住质量和舒适度，以及孩子入学等因素。

　　我们的房屋虽然只有 80 多平方米，两室一厅，但想到是自己奋斗和国家公积金政策的扶持才能实现的愿望，我心里还是有很大的成就感，也充满了感恩之情。还好有国家的公积金制度，要不对于我们农村家庭出生的孩子买房只

能是遥不可及的事。我赶紧和工作人员讨价还价，首付 6 万多元，然后每个月的贷款也由公积金全部"买单"。很快住房贷款就办下来了，就这样，在与住房公积金"亲密接触"后，我们如愿以偿买到了新房。房屋的装修，室内物品的购买和摆设，我们夫妻俩都要经过深思熟虑，毕竟房子是自己住的，也是一辈子的事。我们也同多数城里人一样在屋内安装了空调，在气温冷或热的时候，只要调节好空调温度，我们一家人在室内就能享受恒温带给我们的愉悦。每当想到祖父和父亲们建房的辛酸，我为赶上好时代享受国家政策而庆幸。

七

　　弟弟在北京的一所大学毕业后找了一份工作，刚工作时租了一间单人居住的房子，到后来结婚又租了二室一厅的套房。直到 2014 年，他们夫妻二人经过打拼，用多年的存款在北京支付了首付，同样用公积金购了一套属于自己的房子。他购房后，我们一家也去北京游玩在他家居住，家里暖气等设施齐全，小区里还有活动场地，晾晒衣服的地方，充电设备，这些配套设备让人住得舒

心和开心。

我们终于告别了"居无定所"的日子，父母知道我终于在城区买房，弟弟还在北京购买了房屋，我和弟弟有了新房也算是帮他们圆了多年的梦，父母高兴得差点"手舞足蹈"起来。

国家二孩政策放开后，我家也因此变成四口之家，原来的二室一厅住不下了。于是我们商量重新购买了一套 120 平方米的电梯房，房屋是三室一厅一厨两卫（我们特意选了两个卫生间，现在购房的家庭多数都有这个选择），家里的洗澡间和厕所是一起设计的，还安装了两台热水器，一间厕所还安上了智能马桶。当时吸引我的还有一个大阳台，我在阳台上养了一些花草，在自己的精心照料下，这些花草给我们的房屋带来了一些生机，也让我的生活多了一些乐趣。我购置了一些健身器材放在阳台上，工作之余这些健身器材便与我"形影不离"，锻炼身体更为方便。

现在国家政策越来越好，住得好一直是每一个中国人的梦想。城里的小区绿化、健身器材等环境和设施与过去的住房形成鲜明的对比，迎来了翻天覆地的变化，物业服务也让业主们住得更安心、省心和放心。

自从在这个小区购房后，每到下班时间或周末有空，我会陪孩子到小区广场上玩耍，体育锻炼。我们居住的条件环境虽然不是最好的，但相比过去那些刻骨铭心的岁月，我们还是其乐融融，很有幸福感的。

八

天有不测风云，2010 年夏天，一场大火把父母搬到外公家居住的老家房屋烧成灰烬，万幸的是父母从大火里跑了出来。善良的人，往往可以逢凶化吉，幸亏没有人受伤。大火无情人间有爱。灾后政府相关部门第一时间赶到现场救援并发放了救灾物资。帮助别人也会得到别人的帮助，村里人纷纷送来米、油、辣椒等家用必需品，又在政府的帮助下，减少了家里的损失。就是这样一次感人的经历，让我懂得善人者人亦善之。当地群众和亲戚朋友纷纷捐钱捐物，帮我们渡过了难关。父母暂时在伯父家居住了一段时间，把家里的事情安顿好后，我把父母接到了我工作的地方一起居住，一家人在一起生活真是幸福。

家乡山村云雾缭绕，乡村的农家点缀其中，极目远眺，若隐若现，美不胜收。

（图片来源：彭榜友　摄）

现在的农村早已脱胎换骨，不是之前农村印象，曾经人们心中的农村被贴上了落后的标签：农村比较穷，农村卫生差，农村住房老旧，农村道路坑洼不平……国家为解决"三农"问题，坚持农业农村优先发展，农村面貌焕然一新。现在农村成为城里人羡慕的理想之地：农村居住环境好，邻里之间唠嗑方便，钱袋子鼓起来了日子好起来了。村村通公路工程后，当开车在乡间大道上，那份万籁俱寂和怡然自得让人乐于其中，与城里的喧闹嘈杂相比让人心旷神怡。农村危房改造工程实施后，美丽乡村建设营造了良好人居环境，农村的居住条件和之前简直是天壤之别，红瓦白墙，一栋栋别墅建起来了，比起城里

"脱胎换骨"的家乡

的高楼大厦别具一格，特别是房屋周围依山傍水简直就是人们渴望的"世外桃源"。周末从城里到乡下，映入眼帘的鸟语花香、山清水秀简直是一幅美丽的乡村画卷，让人不禁陶醉其中。乡村旅游逐渐热起来，在农村建房成为人们心中梦寐以求的愿望。

听说表妹家在老家重新建了新房，邀我们去作客，接到信息后，我们迫不及待来到表妹家，这次她家花了几十万元建了"别墅"。刚进表妹家门口，房前一块水泥坝子，一个"天然"的容得下几辆车的免费停车场，这个条件在城里是无法满足的。房屋采用框架结构，几根柱子支撑下房屋十分坚固。我们下车后，在外驻足欣赏，这座新房外观金碧辉煌，房屋的外墙用真石漆喷涂，特别气派。表妹连忙招呼我们进屋，带领我们参观，每层楼都有独立的客厅、卧室、卫生间和厨房，里面的装修也是花了心思的，与城里装修风格各有千秋。在场的人都说，现在农村的房屋建设都是非常讲究的，因为农村建筑面积相比城里要大，所以房屋的设计都比较宽敞，装修也完全按时代"新潮流"，告别了农村"土气"的传统，农村的房屋越来越"扬眉吐气"。

家乡焕然一新

（图片来源：李仁军　摄）

九

弟弟在北京工作，因照顾孩子等各种因素多年没有回家乡，这次他们一家回到家乡时，眼前亮了。踏上家乡的柏油大道，走到村口，看到乡亲们都盖上了新房，告别了破旧房屋的时代，他都不敢相信自己的眼睛。曾经故乡的"影子"哪里去了，记得这栋别墅之前还是破旧的木房，那栋二层的白墙瓦房之前还是"瘦身"的一层小三间……一栋栋漂亮的农村房屋简直是一道亮丽的风景线，也成了全面乡村振兴进程上的一个缩影。我们又来到安置小区，我介绍道，这是政府统一规划修建的，老家困难无力自建房的农户国家还免费提供住房哟！弟弟说："现在的农村建设真的是日新月异，国家的政策也是非常暖人心的。"弟弟赶紧让我带他去找老家的旧房地址，我指着一座桥道："这里就是祖父修建的那栋老屋，由于城镇建设征地而占用了。"

国家建设过程中占用了一些房屋，政府给了群众几种选择满足不同需求，可以选政府修建的房屋，也可以由政府统一规划地基自己修建。我们一家人经过商量后，决定选择政府规划的地基在老家为父母建新房，让他们老了"落叶归根"，我们也有家的念想。想到父母的"新房"梦也要变成现实，有党的好政策，一家人的"新房"梦都要梦想成真，我们全家甭提有多高兴了，未来可期，想着真让人心甜。

我们在返城前，弟弟依依不舍再次凝视家乡在阳光照耀下的房屋，若有所思……

家乡的改变
——改善人居环境

单增次仁

我的家乡工布林芝位于西藏的东南部，平均海拔 2900 米。这里森林覆盖率极高，有著名的鲁朗翠绿林海、美丽的桃花沟、碧绿的巴松措湖，令人着迷的南伊沟。除此之外，西藏这片高原普遍地广人稀，林芝的覆盖面积达到 11.7 万平方千米，下辖六个区县，除巴宜区外，每个县的人口只有 3 万人左右（2015 年数据巴宜区人口 5.3 万人），也许您觉得这个数字很低，但除了拉萨这个地级市之外，林芝是西藏第二大的城市。林芝市巴宜区分老城区和新城区，老城区农村区域的老式工布民居建筑已经为数不多了，新城区基本以现代城市建筑为主。

林芝地区雨量多，又有丰富的森林资源，当地少数民族住宅因地制宜，就地取材，搭建民族特色的民居。民居讲究自然条件和风水，一般建在朝阳背

从工布比日神山远眺工布老街

正在建设发展中的林芝新区

阴、离水较近、地势较凸的地方，先请喇嘛看风水，确定位置并进行开光，然后再选吉日正式开工建设。其中，林芝藏族民居和门巴族民居的地域特色和文化特点更加突出。林芝地区是一个以藏族为主体的多民族地区，除藏族外，这里还居住着门巴族、珞巴族人、怒族等兄弟民族。他们的生活习惯及宗教信仰皆保留着浓厚的传统色彩，具有独特的民族风情。古老的传说、淳朴的民俗与氏族、村寨的图腾崇拜、宗教神话联系在一起，给这些古老的民族、遥远的居地笼罩上了一层原始而又神秘的色彩。

远眺工布林芝本日神山

　　林芝工布民居一般为人字形屋顶，房屋呈长方形，门朝东或东南方向，屋面采用长而薄的无节木板作瓦，上面压石块，以防被风刮翻。工布民居多为两层楼房，基本上都为石块砌墙、木质梁架、铺木地板的石木结构，底层作为库房或圈养牲畜或放置较重的杂物，上层为客厅、厨房等，屋顶人字形底下用于装高级饲料和晾干的桃子等水果，或堆放毛皮等较轻的杂物。

　　由于墨脱县低海拔，多雨潮湿，门巴族的民居一般为干栏式木屋（又称吊脚楼），一般高度均在六七米以上，有的甚至达 10 米以上。除以石块砌墙外，

工布阿麽和孙女在院子里玩耍

花丛里的林芝工布民居

几乎全是木料结构，衔接处不用钉，显得巍然高耸，浑厚坚实。石楼有防震、防潮的优点。石楼一般为3层，底层供圈养牲畜使用；中层是专供人活动、食宿和待客的地方；上层是堆放饲料、粮食、脱粒和晾酒的场所。

　　近年来，林芝市实施旅游富民战略，以独特的自然资源和人文特色吸引八方来客。政府引导扶持农牧民群众转变思想观念，扶持鼓励有条件的农牧民群众依附景区，从事旅游运输、旅游餐饮、旅游商品销售等旅游服务经营活动。同时，大力引导新基建建设，积极落实加快信息网络建设和产业发展政策措施，推进"智慧旅游·乡村旅游信息化"平台市场运作。我相信在不久的将来，在国家利好的政策和全国兄弟省市的援助下我的故乡会变得越来越好，家乡的人民会越来越富裕，越来越幸福。

原始的门巴族民居

工布漂亮的珞巴族姑娘一家四口

从庄台到广场：赤脚医生的居住故事

董学文　金燕霞

"孩子们都送出去了，孙子们也都上大学了，我们就在这里养老啦。还是这些老地方熟悉，搬到其他哪儿都没有这里好！"采访时，年逾八旬的董大夫、金师傅说。

银北平原上的农村住宅

进城之前，我们住在宁夏回族自治区惠农区燕子墩乡。燕子墩乡的名字是因为过去有个被土墙围起来的古代烽火台，叫"院子墩"。后来燕子在墩上筑巢栖息，就改称"燕子墩"，燕子住的地方也是我的家乡。我是外西河村的社员，是一名赤脚医生，也是乡中学的老师，村里人都叫我董大夫、董老师。我的婆姨（方言，指妇女，妻子）是这个庄子上的接生婆，大家都叫她金师傅。我们都住在庄台子上，庄台，顾名思义就是一座土台子。20世纪70年代末，我快40岁的时候，通过长年累月捡拾、积攒，手头上已经不知不觉备齐了各种盖房子的关键材料：大大小小的石头、长短不一的铁丝、零零碎碎的砖块、几条大梁和粗细不一的一堆椽子。公社拆迁的时候，我抢着买了几个大门和窗框。琢磨来琢磨去，终于觉得能按照自己的想法建几间房子。于是，我就紧挨着老庄台，请庄子上的强壮年，天天好吃好喝地招待，建起了几间有自己设计理念的土坯房。然后，就和我爹妈、弟弟妹妹们，分开过了。带玻璃的窗户，取代了纸糊窗户是一个明显特征，亮堂得很。又过了几年，第一个教师节，政

府奖励了一个买电视机的机会，家里就添置了电视机，高高的电视天线也是这排房子的显著特征，从这里时不时能传来村里孩子的欢声笑语。那个时候，庄子上的娃娃们经常来我们家里看《霍元甲》等电视节目。

石嘴山矿区的砖瓦房

20 世纪 80 年代末，娃娃们越来越大，大儿子留在市医院工作，两个女儿也在护校开始了学习。城乡之间的往来越来越频繁，感觉交通非常不方便，我们觉得为了孩子们的发展，得要搬到城里去。这个城市就是梦寐以求的石嘴山市。石嘴山市是我国著名的煤城，多年开采让这座城市产生了很多塌陷区，居住起来有点风险，但对农村人来说，还是很有吸引力。我们两口子和大儿子决定动用所有积蓄加上借款购买了一套全砖瓦结构的房子。这几间房子还带一个很大的院子，有些舍不得丢的农村杂物还可以带过来堆放。小推车、铁锹还有喂猪的一些个东西，都还没有扔，进城又用了几年。也就是在这里，我的两个女儿出嫁了，小儿子上了大学。

这套大院子挨着石嘴山市第一中学的后门，20 世纪 90 年代末，这里也逐渐算是"学区房"，很多志向远大的高中生，已经开始离开学校拥挤的宿舍，住到周边居民家里以获得更好的学习环境。我们家的院子最多时住了 20 多个中学生。我们老两口挺操心住在这里年轻人的成长，在这里一直住到了 20 世纪末，我们也对房屋的经营有了一些理解。

城市中心广场的房子

21 世纪初，随着生活条件提高，越来越多煤矿职工都搬到更加繁华的自治区首府银川去了。塌陷区的居民们，有了逐步向城区中央渗透的机会，我们

家终于住到了城市中央广场。在这里，交通便利，购物方便，还可以参加各类群众活动，能够按照城市人的节奏生活了。周围很多老年人出来晒太阳、聊天，我们也经常一起聊聊我们老年人的身体和心态。

　　奋斗四十余载，终于有了一个颐养天年的好地方。多少年来，我很喜欢家门口的几棵树。此刻，能够静静坐在广场上，听着城市中心钟楼报时的声音感觉挺好，准确的时间对老年人很重要。老伴则说，看着广场上跳着舞的欢快的人们，虽然自己老了，但能感受得到活着的力量。

居住环境变迁印象

段美春

　　我 1987 年出生在重庆市渝北区玉峰山镇石岩村，那时还叫江北县石坪乡古龙坝村。已是奔四的年纪，回首前半生，经历的住房除了学校宿舍，单位宿舍外，已有六处。

　　幼年时的我对于祖辈的老房子还有点模糊的记忆，土房，大木门，还有门闩，得搭上板凳我才能打开房门，大门前是一路石梯，估计有二三十阶吧，前面是一大片刺竹林，小时候我们还爬上去玩耍，除此以外，只是记得整个大院落，住了十多家人，大家都是亲戚，很是热闹。

　　1990 年我家开始建新楼房，这也是我印象中记忆最深刻的房子。父亲是厨师，常年在县城打工，只有农忙季节才回来帮忙。母亲是农民，在家务农，照看我。当时还没有烧制砖，所以便雇佣石匠在村口的岩石上一块一块打出来石条，又买钢筋等材料，再开始雇工人开始挖地基、砌墙、上梁、盖瓦，前前后后花了 1 年多时间，终于在 1991 年完工一栋二层小楼（图 1），约 100 平方米，这也是当地第一栋楼房。楼房上下层各三间房，进门第一间是堂屋（图 2），家族聚餐请客都在这进行，有一张大圆桌。堂屋右侧是仓房（图 3），有一个堆放粮食的石砌粮仓，左侧是堆放柴火杂物的房间，有个地主家分的老柜子，旁边有厨房相连，厨房下面有养猪房，楼梯也在厨房，可以上到二楼。二楼第一间是我的房间（图 4），里面的木床是我姑送给我的，第二间是爷爷奶奶的房间（图 5），里面有组合柜和沙发床。最里面是我父母的房间，三个房间通过凉

图 1 老家楼房整体外观和水泥地坝前的石狮子

台相连（图 6），凉台的护栏是镂空的水泥造型。楼前有一片水泥地坝，可以晾晒谷子等，前面有一对民国时期的石狮子（图 1 右），楼房四周的墙上爬满了爬山虎（图 7）。右侧有一条石板路和隔壁邻居相隔，楼房后面有一片空地是老屋基，我在上面种植了芭蕉树（图 8），从二楼房间的窗户可以看到后面的芭蕉和芭蕉树后面两个大人才能环抱的大黄葛树（图 9）。厨房一侧的空地，也种植了一些花草，如旱伞草，以前还有一棵皂角树，小时候拣皂角来洗头，还掏过上面的鸟窝，后面我新种了一棵香樟树，如今长得高大挺拔。

2002 年我到县城上初中，母亲也到县城打工，这栋房子就没怎么居住了，

图 2 堂屋，挂着公婆的遗像

图 3　仓房中石砌的粮仓

图 4　我的房间

曾经出租给附近修高速公路桥的施工队。暑假时，我会偶尔回去住十来天，后来越发荒弃了。到县城后我们租住在当时江北机场占地后，村民集中修建的土楼房中，大多是进城务工的农民租用的，当地地名俗称"农民街"。那一片房屋密度很大，楼层一般四五层，都是相邻的联排房，楼与楼的过道只有 1 ～ 2 米，没有一棵树或者绿植，居住的房间也很小，厨房是在走廊架的煤气灶，厕所也是相邻两家人共用。我们租了两个房间，里间估计 10 多平方米，放下一张大床（其实只是木板或竹板）和书桌就剩过道了，衣服都是放在床下的纸箱

图 5　公婆的房间

子里，吃饭的折叠小桌子都要放在床上。窗户对面是邻栋楼顶养的鸽子，我时不时会望着它们发呆。外间更小，准确说是个宽过道，刚好放下一米多宽的木板床。当时我和奶奶挨着睡里间，我母亲睡外间，我父亲大部分时候都在单位的宿舍睡，偶尔他们两个人挤在外间，基本都容不下翻身。想想那时候挺艰苦

图 6　二楼的凉台和镂空的护栏

图 7　间隔邻居的石板路　　　　　图 8　屋后的芭蕉树和黄葛树

的，当时最大的愿望就是有一个独立的空间。

在这住了差不多两年，父亲在这一片租了另外一套住房，面积至少翻了三倍，估计 40 平方米吧，有独立的厕所和厨房了，父亲买木板将一个大房间做了个隔断，这样我和奶奶住里间，虽然没有窗户，但是我和奶奶都有独立的单人床，还有一张书桌，我高中三年的晚上就是在这度过的。父母住外间，有一张大床，一张书桌，还能放下一张大的折叠桌，可以不用折叠了，记得高三毕业季，我邀请了高中同学 13 人到家里吃饭，折叠桌上再盖上老家的大圆桌，也能坐下。那个时候，我在家里最喜欢的事情是蹲厕所看红楼梦，因为把厕所门一关，终于有了一个人的独立空间。

高考后，我到北京上学，大部分时间住在宿舍，上铺睡觉，下面是书桌，虽然五六个人一个屋，但是和舍友一起无比开心，也只在寒暑假回家。到了大四毕业那年，父亲告诉我，他买了一套住房，虽然是二手房，装修也是简装，但是小区环境很好。小区有十多栋楼房，间距五六十米以上，绿化做得很好，有树、有草坪、有运动场和游泳池等，车库都在地下，每天晚上只要我在家，我最喜欢的就是在小区散步。楼层一般十层上下，一层四五户，电梯房。我家在五楼，标准的两室两厅一卫一厨，八十多平方米，还有凉台，用我爸的话说

图 9　从二楼窗台望向黄葛树

是我们直接从贫民窟搬到了高品质小区。但是有一个遗憾就是，我们的房间都是靠近公路的一侧，恰好公路又是上坡，很多客车和货车加油爬坡噪声特别大，但是和"农民街"的住房比起来，这又算什么呢？

2016 年，随着老家的拆迁开发，老房子被推倒，现在已经是一片空地了。只有旁边的香樟树，屋后的黄葛树依然挺拔如旧。我们每人获得了 20 多万元的补偿款，我们用这笔钱，在同一个小区换了一个三室两厅，楼栋在小区中心，终于也没有了噪声的烦恼。我最喜欢的是进门处，一个小水池和假山，还有一棵小黄葛树。我在 2015 年结婚，和我爱人住在同一县城的另一个小区，虽然是一套两室一厅，但是房间外面半圈都是凉台，总面积就有 30 多平方米，视野很好，空气也很流通。每次家里来客，我都带着他们逛上一圈。

对于目前的居住环境，我已经很满足了，一个从农村出来的娃，能一步步住在这么好的环境和房间中，很是满意。唯一一个担心是以后有小孩后，房间可能不够用，不过我在单位附近也买了一个三室一厅，目前只是在那睡个午觉，后面小孩上学了可以搬过去居住，也是够用的。

回顾这几处住房，虽然现在的小区环境和住宿条件都不错，但是我还一直希望有机会，还能居住在老家的这栋楼房中。不是对于独栋的需求，而是对田园农耕的梦想，过上日出而作、日落而息，宁静的、诗意的田园生活吧。

周台子村的人居环境变迁

范振喜

　　我是周台子村土生土长的村里人，周台子村隶属于滦平县张百湾镇，坐落在112线公路和滦河北侧，西距县城29公里，东距承德市区40公里，目前全村7个居民组，715户2300人。

　　在我刚从部队复员一年多的时候被咱们全村党员推举为村党支部书记。刚刚上任的时候，村集体不光没有钱，而且还欠了8万多元外债，可以说想干点什么都干不了。在这种情况下，我把二哥范振礼的矿点收归到了集体里，也为此二哥和我断绝了兄弟关系。1992年，我不幸得了血癌，需要10万元的手术费，那时村里老百姓都不富裕，但家家户户多多少少都捐了钱，硬是凑够了10万元让我治病，我很感动，当时就默默地立下了一个誓言，我的命是咱们全村老百姓给的，如果我能够活下来，我就一定要让大家都过上好日子。而我二哥在这种生死攸关之时为我捐献了骨髓。

到 2001 年，村里开始谋划"改造旧村，建设新民居"，当时周台子村的年纯收入还不足 200 万元，我们的新民居是边挣钱边建设的，没有向国家伸手，也不让村民负担，完全依靠自己的力量改造旧村，到 2003 年我们只建了两排楼 13 栋村民住宅楼，2004 年新建 14 栋，2005 年新建 1 栋，2006 又新建了 19 栋村民住宅楼。到 2008 年建设完成住宅楼 49 栋 408 套，80% 的户住进了楼房。

周台子村过去的人居环境

周台子村现今的街道景观

建设了 4 万平方米的水上公园、中心广场和村民公园，建成了村部、宾馆、教学楼、文化活动中心，建成了环村公路、村内主路和支路。我们还投资 2000 多万元实施水源热泵工程，采用无任何污染、无燃烧、无排烟、高效环保的水源热泵技术，实现全村住宅办公用房 11000 平方米的建筑面积冬季无烟供热和夏季制冷。

2009 年村里又继续进行了新民居建设工程。从 2009 年 4 月份开始到 7 月底，我们村对全村 180 余户未拆迁老区住户进行了走访、动员和拆除旧房工作。村里按有关政策给予补助，每个房本补 3 万元，房屋、地上附着物请评估单位作价，村里也给补偿。到 7 月底，我们村基本完成了全面拆迁任务。到 2010 年底，完成了 30 栋共约 55000 平方米的村民住宅楼建设并实现入住。为了鼓励村民入住新居，村里出台了一系列优惠措施，目前全村 600 多户已实现户均一套住宅楼，村民住进宽敞豁亮，窗明几净的"小康新居"，过上了城里人的生活。配套的医院、学校等也将随着新民居建设的竣工而完成并投入使用。周台子村虽然是作为一个山区村，有几个方面都走在了前面，现在中央倡导的是我们在前十几年就开始干的，例如，新民居改造，农村环境整治等，周台子村都已经完成了。

同是 2009 年，村里自己建起了 100 套老年公寓，每套 68 平方米，用于改

周台子村老年公寓

善 70 岁以上老人的居住条件。现在住了 120 人左右，都是周台子村的老人。本村户口 70 岁以上就可以入住，老年公寓配备了所有家电、家具，可以拎包入住。老年人入住是免费的，并且村里还会为所有 70 岁以上的老年人每个月发放 500 块钱的养老金，对 60 岁以上的老年人每个月发放 300 元的养老金，这是周台子村的老人特有的福利。老人在这里，每天都会有工作人员了解他们的健康情况，如果身体有什么疾病，可以及时发现，采取措施。我们养老院的房间有的房间两张床，有的一张床，可以和其他老年人共住，也可以夫妻两个一起居住一套独立的房间，每一套房都有独立的卫生间和厨房，非常方便。在

老年公寓房间内部

这里每一位老人都很开心，村里帮他们解决了后顾之忧，老年人都说住在这里就会长寿啊，现在我们村出了两个百岁老年人。

另外，村东区还建起了100套福利公寓，每套80平方米，主要是为了解决农村三代同居的问题，当时村里拆迁，有的三代大家庭住着三间或者四间大房子，每一个小家庭都有单独的入户门，但是住楼房后，老人有老人的生活习惯，年轻人有年轻人的生活习惯，三代人住在一起，难免会产生矛盾或者给生活带来不便。所以村里2009年拆迁后就建了福利公寓，使50岁到69岁的中老年村民在与儿女共有的居室之外还有自我的独立居住空间，使村民一家三代人实现各有所居。福利公寓有居住权，但没有所有权，中老年村民免费居住，等到70岁的时候可以再搬到老年公寓。

还有，我们建起了一栋科技楼，总面积6000平方米，提供给招聘来的人才住，兼备科技培训和科技展览功能。

居住环境变好了，孩子的教育也是村里的头等大事。村里建起了幼儿园和小学教学楼，配备了先进的教学设备，国家统一派驻教师。幼儿园和城里的是一样的，早晨送晚上接，可以吃午饭睡午觉。我们有完全小学，学生可以上到六年级，这在很多村庄都很难实现，那些村里的孩子到小学高年级就得去学校住宿了。现在我们村里的小学和幼儿园还接收其他村的孩子。

我们在2007年就建起了文化活动中心，可以放电影，可以举行演出活动，村里逢年节都会在这里举行演出，每场可以容纳500人左右。我们村组建了村民艺术团，活动平时不间断，节日掀高潮。现在村民的收入增加了，文化生活

周台子村幼儿园

周台子村小学

村民中心　　　　　　　　科技中心　　　　　　　　水上公园

越来越丰富了，我们前几年还承办了河北省健身秧歌操（舞）大赛。我们还建起了村民中心广场、水上公园供大家休闲娱乐，实现了环境公园化、住宅楼房化、村庄城镇化，让人感觉咱们村都不像农村了。

　　村里不管搞什么建设，都会召开村民代表会征求村民的意见。比如建住房，我们前前后后制定了4个方案，根据村民的需求，我们调整方案，然后大家去投票。尽管这样也不是100%都会满意，但是尽量做到让大家满意。周台子村能有今天离不开党的政策，领导的重视，老百姓的信任和支持。

祥云绕屋宇，喜气盈门庭

——30 年来婚房变化

郭连君

　　我生长在北国冰城、音乐之都——哈尔滨。自小就喜欢文艺，小学三年级参加区里组织的文艺队，是民乐团的琵琶手。后来考进了市里的文工队，经常参加汇报表演，也到各个区县表演。大学毕业后，我顺利进入国营军工企业，成为单位里的文艺骨干。那时候，厂里的文艺宣传队也负责青年职工的婚礼仪式。厂里的婚礼，既要办得热闹喜气，也要彰显组织对青年人的重视。从上班到退休，从 20 世纪 70 年代末到 21 世纪 10 年代初，一晃就是三十多年，正是改革开放人们生活日渐富裕的年景，我有幸见证过很多新人的婚礼，参观过很多家庭的婚房，算是个世事变迁见证者。

20 世纪 70 年代末

　　厂里当时给登记结婚的年轻人解决住房，而且是让我们这些单身汉羡慕的楼房，虽然现在被叫成"筒子楼"，不过那时候确实是非常好的条件了。一般都是一家一间屋子，也就 10 多平方米，自行隔出厨房和起居室，那会儿分不出客厅、卧室、饭厅，来客人了就用折叠椅，吃饭就支上折叠桌，我们管这种桌子叫"靠边站"，挺形象。那时候楼房还没有集中供暖，平房一般都要砌火炕，楼房屋子小，一般都不砌火炕而是建造暖墙。

　　男生要是想娶媳妇，必须打家具，得有双人床、衣柜、茶几、五斗橱、高低柜，必须配足"36 个角""72 个腿"。家具都是木工入户打造的，厂里的木工永远都是年轻人的好大哥。也有家庭中有手艺的长辈制作的，再找师傅用电烙铁在木面上烫上花，再刷上亮油。当时，婚房装修就是用石灰水或石膏粉将房、墙面刷成白色，再用油漆将墙面下部刷成绿色而地面刷成红色，一间崭新的婚房就完成了。

女方为结婚也得准备像样的嫁妆，配齐"三大件"，后来称呼"三转一响"——手表、缝纫机、自行车、收音机。"上海"牌手表，"蜜蜂"牌缝纫机，"飞鸽""永久"自行车，"熊猫"收音机。有了这样的陪嫁，在亲朋好友面前才风光。

20 世纪 80 年代初时髦的高低柜、电视机

20 世纪 80 年代

到了 20 世纪 80 年代，厂里开始修建集体供暖的单元楼房，各家各户普遍设置了带有抽水马桶的卫生间、配有排烟管道的厨房，房间里也区分出了客厅和起居室等不同功能。单元房有 40～60 平方米三居的、也有 30 平方米左右两居的，和现在比那时候的房子很小，不过，当时可是让厂里年轻人羡慕的大户型了。这些新房都优先分给干部、劳模，他们的子女很多也被吸纳为厂职工，正值适婚年龄，我参加过不少婚房设在新房的婚礼。

那时候婚房的装修也很考究，用木纹纸质贴面吊顶，墙面上部用海绵丝绸

20 世纪 80 年代末时髦的组合柜和彩色电视

面的软包，墙顶有石膏线条或者雕花，下部是合成板的墙包，地面有的家庭用木地板铺地毯，大部分家庭用地板革。家具也从找木匠定做现场打家具，变成时髦的组合家具，经济条件好的家庭选择真皮沙发，条件普通的家庭就用针织面的沙发床。

男方婚房升级了，女方的陪嫁也随着升级为"新三件"：电视机、洗衣机和电冰箱。即便当时的冰箱是单门的，电视机是黑白的，洗衣机是单缸的，但生活依旧过得热热闹闹。20 世纪 80 年代初的时候，如果谁家有台电视机，就会吸引各路邻居前来观摩，有排球比赛、香港电视剧的时候，那场面真是人山人海。到了 20 世纪 80 年代末，经济条件好的家庭会配上 21 寸彩色电视。当时一台这样的电视得 3000 多元，我当时一个月工资也就不到 300 元。

20 世纪 90 年代

记得那时候，不少平房拆迁回迁，厂里也有不少没赶上分房的年轻人，家里的平房赶上城市建设的拆迁回迁，从平房搬到楼房，居住面积大了，居住条件好了。以前只有干部和劳模才能居住的三室一厅，普通家庭也可以住上了。

经济好了，年轻人也更敢花钱了。就拿装修来说，客厅是欧式吊顶配一盏水晶的装饰灯，罗马柱形式代替了之前的石膏花，卧室都用墙纸装饰，厨房都是石材做台面、装饰板做柜面和吊厨，浴室用时髦的马赛克铺装。

那时候，新开张不少家用电器商店和家具店，买结婚用品直接到商店就

20 世纪 90 年代婚礼接亲仪式和忙碌中的我

行，什么档次和价位的都有。组合板式家具比较新潮，实木家具比较稳重。当时，地板多采用实木地板，现场拼花、上漆和抛光。大家都想把电视、酒店、宾馆中看到的所谓的"美"搬回家，但总体风格上都比较欧式。结婚必备的"三大件"升级成——彩电、摩托车和组合音响。

20 世纪 90 年代新房的客厅

21世纪00年代

到了2000年，年轻人结婚就都要单独买商品房了。这时候房子越盖越高，户型也越来越宽敞。家家都是独生子女，双方家长自然舍得给子女花钱。当时一般是男方提供房子，女方提供装修。

21世纪00年代新人留影、接亲及当时住宅外观

装修也不再是随便找个装修队，很多都是新人自己或者找设计师设计，效果满意了再找装修公司。这时候的装修风格就很多样，不光是以欧式为主，也有中式的，就算是欧式，也有很多种风格。

家电品种也多了，电视是等离子的，组合音响升级成了家庭影院，冰箱要"海尔""西门子"，洗衣机也都用滚筒的，还有热水器、洗碗机、微波炉、电磁炉。

那时候，我也从为婚礼忙前忙后的跑腿人，变成了婚礼席上的证婚嘉宾。讲实话，非常羡慕这些孩子，年纪轻轻就能过上这么好的生活。有时候也为他们担心，两位新人日后要供养四位长辈，孩子们难啊。

21世纪10—20年代

我是2012年正式退休的，要按退休时间为节点，我就是个"10后"。退休以后，虽然不再为厂里新婚年轻人跑来跑去，但有时候和老友相聚，他们还是经常问我，给他们孩子买房子出出建议。给我最大的感触，就是不少孩子把

21 世纪 10 年代新娘在松花江南岸的娘家和松花江北岸的新房楼下

家安在了松花江北岸。

哈尔滨市是坐落在松花江畔的美丽城市。解放以前，哈尔滨市人的生活居住主要集中在松花江南岸；解放后，市区从南岸向东南开发新城。松花江北岸一直都是船坞或者泄洪地区。后来，松花江北岸成立松北新区，开发了很多楼盘，楼价低、物业好、环境优美。不过，土生土长的哈尔滨人还是很少愿意去那边安家。2010 年，哈尔滨市人民政府从松花江南岸正式搬迁到松北区，很多老友为了孩子上班方便，便为子女在松北区安家置业。孩子确实方便了，老友们却要经常"江北""江南"两边跑，退休后反倒成了"通勤族"！

我这个人，半辈子为别人子女的婚事奔波，自己的孩子却在异地他乡闯荡，心里有时候也会不平衡，但孩子大了，都有自己的路。

希望祖国的青年一代，也都能顺利地成家立业！

故土与他乡

何婷梅

成长旧址

我出生在湖南省永州市宁远县仁和镇尹家洞村，我们一家人一直在外面工作生活，基本没回老家住过。小时候爸爸妈妈去哪里打工，就把我带到哪儿，所以我跟着去过很多地方。7岁读书之前，我偶尔跟着爸爸妈妈去过广东、江西等地。到读小学的年龄，他们又把我送到宁远县清水桥镇何家村的外婆家，让她带了我三年。到假期的时候，我外婆又会让我去伯父、姑姑家住，每个假期都会去不同的亲戚家里。亲戚家也都住在宁远县其他镇里，住得都不太远，从外婆家坐公交就能到。

印象中外婆家是泥砖建成的小砖瓦房，没有院子。外婆家挨着村里的祠堂，逢年过节村里人会在祠堂的庭院里捶糍粑，很有氛围感。那时候湖南的农村普遍种植稻谷，原本稻谷可以种早稻和晚稻两季，村里有的农户种了早稻就不种晚稻，改种烤烟，所以村里每家每户都会备一栋烤烟房。烤烟房很高，里面可以用棍子串着烟叶做成烤烟。当时外婆家的厨房有点漏雨，她就用烤烟房做饭。那时候只有我和外婆一起生活，挺苦的。漏雨的厨房里养了一头猪，我要帮着干农活，每天早上去割猪草喂猪。我们基本上一个礼拜只吃一次肉，或者买猪油回家炸成油渣，炒菜的时候放一点油渣，就会觉得这是一顿很丰盛的饭。

湖南省永州市宁远县仁和镇尹家洞村的老房子

爸爸妈妈那时候带着妹妹在广东等地打工。1998年我爸回湖南省永州市宁远县仁和镇尹家洞村的老家盖了一层的平房。到我9岁读三年级下学期的时候，外婆年纪大了，我妈不太放心让她一个人带孩子，同时家里的房子也盖好了，爸妈就把我带到广东和他们一起生活。

我们一家租住在广东省韶关市浈江区十里亭镇的上坝村，爸爸妈妈在附近工作，妈妈在职业高中里做食堂阿姨，爸爸开了一个收废品的站点。我们在上坝村租的房子很旧，好像是砖瓦房，墙的外层刷了一层很厚的石灰，碰一下很容易掉灰。好几家的瓦房围合成一个院子，我家住的那栋在村里的祠堂旁边，逢年过节能看到很多人去烧香祭拜。

爸爸妈妈本想让我在附近的小学读书，不过上坝村的小学人满了，外地的学生进不去，所以他们只能找另一个比较远的学校让我们读书。小学离家还挺远的，在武江区西河镇下坑村，骑自行车要半个小时。我们是外地过去的，所以在这个小学读书还要交建校费，对我们来说还挺贵的，900块钱一个学期。那时候我妈要上班，我爸就得给我和妹妹做饭，还要接送我们上学，有时候他就老念叨我们挺麻烦的，我听了有点过意不去，就打算自己骑车上学。我胆子比较大，趁我妈妈睡午觉休息的时候，就偷偷把她的自行车拿到外面，自己就学会骑车了。后来我就和我爸商量，让他收废品的时候如果收到单车就把它修好给我，于是四年级下半学期的时候我就开始骑自行车上学了。妹妹比我小两个年级，我爸就接送她。就这样从小学三年级到初三毕业，我们一直在广东韶关上坝村生活，中途没怎么回过湖南老家。

外出打工

2005年，我初中毕业就想自己工作赚钱了，从那时候开始去了广东省很多地方打工。第一份工作是在韶关市十里亭镇的一个饭店里做服务员，那时候我才16岁不到，有客人劝我喝酒，我妈听说后就叫我不要去了，所以只做了不到一个月。后来经姨妈的介绍，我去了东莞的工厂打了半年工，那是一个玩具厂，我的具体工作是给毛绒玩具手工封口。厂里管吃管住，早上八点钟上班，晚上加班的话要到晚上九、十点钟才下班。住的是8人一间的集体宿舍。宿舍的条件已经算是很好了，有集体的洗澡房，洗澡人很多，下了班之后要接热水去洗澡房的小单间里占位置。一开始觉得还挺新鲜的，后来就觉得很乏味。我觉得在厂里没有个人时间，而且挺辛苦的，没有个人的成长和学习空间，我想着以后再也不要进厂，于是就想换一份工作。

2006年，我妈联系到一位老乡，那个阿姨说可以介绍我去佛山工作，因为我从小在广东长大，会讲粤语，随时都能找到工作，我去了佛山。我那时候和阿姨一家住在佛山市南海区平洲街道城中村租的房子里。房子比较简陋，在顶层，楼上还有一层临时搭建的棚。阿姨有一个比我年纪稍微大一些的儿子，偶尔才回家，她想撮合我和她儿子，就拖着不给我介绍工作，让我待在家里。当时我很着急，等阿姨上班的时候自己出去找工作。应聘到一个水果超市的岗位，一开始从普通店员做起，一步一步地往上努力，做到收银员。

在超市上班后，我决定搬出阿姨家，我很坚决地告诉她我找到工作了，要去住超市的宿舍。其实我心里还在犹豫，因为那里工资不是特别高，好像是每个月800元，包吃包住。超市的员工宿舍条件挺好的，就在附近的居民楼，步行大约5分钟。房子是三室一厅，有浴室和阳台，比工厂里的集体宿舍条件好很多。当时我们四个女孩子住一间，两个老板各住一间，一共住了7个人。在这里工作的时候认识了我的老公，他当时是水果超市的经理。水果超市原本主要针对在周边工厂工作的人做生意，工厂里的人一下班或者放假就会来买水果和零食，生意比较好。2008年下半年金融危机之后，很多工厂都倒闭了，我们这个店转让了。那时候我怀孕了，因为爸妈不同意我们在一起，我自己也还在犹豫，所以我回广东韶关生下了女儿，我男朋友就回了他湖南衡阳的老家。

后来我们还是结婚了，2009年我女儿半岁多的时候，我老公在深圳发展的同学介绍他去工作，我们就带着女儿去了深圳市光明区创业，承包了一个电子厂的食堂，工厂大概500～700人的规模，我们吃住都在厂里。当时因为没有做过这个行业的经验，就没和工厂签订一定要让工人去食堂吃饭的协议，有的员工不到食堂里吃饭，做了几个月就干不下去了。

到2009年下半年，我们又去了汕尾市海丰县的万和批发市场开始做干货配料的批发生意。我们在海丰县待了8年，经历的居住环境变化很大，房租也在一步一步地涨。起初大市场里全部都是瓦房，我们租了三间连在一起的店铺，每间店铺大约有40平方米，我们就住在市场的店铺里。三间店铺其中一间满满都是货，另外两间有隔断，前半部分放货，后半部分住人，一间有厨房和洗澡间，另一间是卧室。店铺装有卷帘门，我印象很深的一件事是我们经历了2013年的超强台风"天兔"，卷帘门都被掀掉了，整个市场的大棚顶也被掀掉了，很严重的。这期间，我在2010年生了儿子，等到孩子们到了读书的年纪就送回了湖南衡阳我老公的老家，请孩子们的姑姑带。因为不能在孩子们身边，我经常坐高铁去湖南衡阳看孩子。之前没高铁的时候就自己开车去，开10个小时的车回去看他们。

这8年期间，市场有很多的改变，一方面是台风引起的破坏，一些老化的房子进行了改建，另一方面是市场本身也在扩建。市场扩建前原本只有一排房子，扩建招商后店铺多了很多，很多人进来做生意，可以走进巷子里逛。扩建后我们搬到了离市场大门更近的新建的店铺，房租也更贵了。我们租了两间铺面，面积和之前差不多，又在对面租了一个仓库。新的铺面是铁皮的，可以自己搭建，我们建成了双层带阁楼的。我们一开始也在店铺的铁皮房里住过一段时间，但是夏天太热了。所以没住多久我们就在市场附近的城中村租了房子，

海丰县万和批发市场

走路也就五六分钟。一开始在四楼租了一套三室两厅的房子，后来我嫌它要爬楼太高了，又在同一个片区换了一套一楼的两室两厅。

经营民宿

到了 2017 年，我孩子在外地工作的伯父去湖南郴州出差，他是做科研工作的，他觉得东江湖（位于湖南省郴州市资兴市境内）周边环境很好，未来可以发展旅游业，就叫了我老公一起去考察。另一方面，我的孩子在湖南上学，我们没怎么带，缺乏父爱母爱。孩子的伯父建议我们最好回湖南带孩子，不要老是在外面闯，还是要重视孩子的教育问题。我一开始是不同意回去的，但是也没有办法，当时我老公发生了事故，受伤了需要人照顾。于是，我和我老公就去郴州市资兴市东江街道寿佛路凉树湾买房子开始做民宿。

我们买了三层半的半成品房，再自己装修成不同的风格。民宿有 10 个客房，可以住 20 多个人，我们自己住在阁楼上。民宿周边环境比较安静，适合放假的时候去住几天。我们的民宿 2018 年 4 月装修完工，8 月试运营，十一国庆节的时候正式营业，赶上了旅游高峰期。民宿的设计找了一些熟人，我自己在院子里种了很多月季，开花的时候整面墙都很好看。经营民宿看起来好像不用做什么，但需要付出很多心血，熬夜是最大的一个问题。客人有时候会在深夜咨询我，为了不错失订单，我只能有问必应。

未装修的半成品房

装修好的民宿小院

马不停蹄

但是经营民宿旺季和淡季的行情落差太大，经济方面不太稳定。民宿的旺季只在每年五六月到国庆假期的几个月，国庆假期以后基本就没什么游客了，又得到下一年，而且疫情之后也基本没什么客人。所以在经营民宿的同时，我也在到处找事情做，一直都没停过。比如，2019 年，我通过面试进了君乐宝公司在资兴市的办事处，做业务推广；学过烘焙，去糕点店学习和打工；还去健身房做过前台和带操教练。

到了 2023 年底，我女儿稍微大一点了，孩子的父亲身体不好，没办法做太多事情，我就必须出来工作。我去了长沙的一家酒店做迎宾兼服务员，孩子的父亲就在湖南郴州一边经营民宿，一边照顾两个孩子。2024 年春节大年初二我回湖南的时候还带了一个旅游团，我当司机开车带着客人去玩。大年初六的时候一个朋友邀请我和她一起到深圳发展，我很快就在这里找了一份工作，现在做的是酒店领班。这份工作包吃包住，住的也是集体宿舍。

关于"家"

这些年来我住过的这些地方，我对广东汕尾时期的住房印象最深，因为住过瓦房、铁皮房、居民楼，变化比较大。但最值得回忆的还是住在湖南外婆家的几年，总是会回想起小时候的事情，没有什么很大的烦恼，在一片荒凉的田地里面打滚都能很开心。印象最深的就是我妈妈回来看我，又老是在我睡觉的时候走掉。我小时候大部分时间都待在广东，无论是吃住还是天气都更喜欢广东，以后也还是想在广东发展，只是还没有打算具体定在哪儿。虽然我回湖南也有六七年了，但我的心思还是在外面。

如果你问我为什么会有这么多份工作，为什么各式各样的工作都做，我只能说没有办法，我必须要找工作，维持生活，没有太多的选择。我现在没有什么太长远的打算，就想做好我的工作，让每个月的收入稳定。因为疫情，前几年没有赚到什么钱，买民宿也负了一些债。我就希望能早点把债还清，买一个属于自己的房子，能和我女儿有住的地方。有时候和朋友聊天，她问我家在哪儿，我说我四海为家，漂着呢。我目前住过的这些地方没有让我很满意的，四处漂泊。对于未来想住什么样的房子，我还没有认真考虑过，也没有特别的要求，只有一个大致的方向，比如交通、吃住、购物方便就可以，只要有一个居家的地方，有自己的小窝就行。

从国外到中国的居住体验

José Manuel Ruiz Guerrero

20 世纪 80 年代初，我出生在西班牙南部海岸的一个旅游小镇，名叫托雷德尔玛（Torre del Mar），位于玛拉哥省（Málaga）。这座城市的英文名字可直译为"海之塔"，原指的是一座古老的城堡，它被用来监视海岸线，保护主城免受抢劫和入侵。

我家所在的社区位于小镇的西南部，距离海滩 50 米远，由三种不同类型的建筑组成：

A. 翻新的两层传统渔民石灰住宅；

B. 5 层住宅楼，建于 1977—1979 年；

C. 10/12 层的旅游公寓，建于 1975 年。

我和家人们住在一栋 5 层混凝土建筑的一楼，而我的祖母住在离我们只有 30 米远的平房渔民屋。我们的建筑立面采用水泥材料，还被涂成了棕色。它的西南立面朝向一条 15 米宽的街道，而东北的立面则朝向渔民社区。建筑前面有一栋 11 层的旅游公寓，如果不是它的存在，我们的房子会获得更多的阳光；所以不得不说我们的房子有点暗。

我们是一个五口之家（爸爸、妈妈、哥哥、姐姐和我），100 平方米的面积足以让全家人舒适地生活。一开始，房子被分为 3 间卧室，1 个主客厅，1 个次客厅，2 个洗手间和 1 个厨房。当时家庭的居住传统是，在生日、会议或家庭团聚等特殊活动中使用房子最大的区域作为主要起居室，而较小的空间则作为次要起居室，比如用于看电视、阅读或在沙发上睡觉等日常活动。

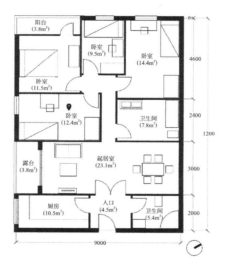

这个社区在 20 世纪 50 年代曾经是一组渔民白石灰平层住宅，一栋挨着一栋，形成一个长 200 米、宽 9 米的街区，东南方向朝着大海，西北方向则朝着蔬菜和马铃薯花园。

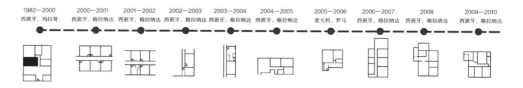

记得童年的时候，我常常在休闲时间和朋友们上街玩耍。附近有很多不同的区域可供玩耍，比如步行广场、体育设施、散步道和仅仅距离 100 ～ 200 米的海滩。

格拉纳达（多米尼哥）

在格拉纳达大学学习建筑时，我经历了人生第一次大的环境变化。在那里，我有机会在一个非常特别的宿舍里住了四年。宿舍位于格拉纳达市中心一栋拥有 500 年历史的建筑中，占地约 3500 平方米，中心有一个方形的文艺复兴式回廊。住在这样的宿舍里真是一种奢侈的享受，不仅因为每个空间在尺寸上都很宽敞，而且有多样性的功能区。一楼有大厅、娱乐室、食堂、健身房、回廊等公共功能区。二楼有一个图书馆，一个旧会议厅和电视室。三楼是主任办公室。四楼和五楼是学生的独立房间。通往这些房间的每条走廊都有一个名字，而这些名字大多用的是不同城市的街道名称。

能住上什么样的宿舍则取决于你在这个宿舍住了多少年（即你的排名），你的房间可以是 13 平方米，15 平方米甚或 18 平方米。大一那年，我住在一个 14 平方米的房间里，有一个小盥洗室和一个南向的窗户。每天 12 点左右，阳光非常充足，我决定把床放在窗下。虽然在家乡我已习惯了在阴暗的房间里生活，但我很感激这阳光把新宿舍变得如金光挥洒般明亮。房间足够大，可以放下一张床，一张学生建筑师的绘图桌和书架。每个衣柜都是内置的，墙壁是白色的灰泥。每个房间都非常舒适，冬天温暖，夏天清新——这得归功于墙壁的厚度，有50～60厘米厚。走廊尽头的公共厕所由12名学生共用。前面提到的每个空间，比如房间、厕所和公共区域都非常干净，因为当时我们有专门的工作人员负责清洁工作。

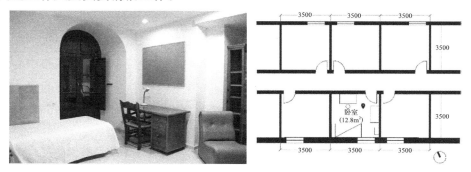

第二年，我搬到了一个比第一间稍微小一点的房间。第三年，更换的房间面积约16平方米，还有两扇窗户。

宿舍周围最特别的地方，我们称之为 el Pollete。它位于我们的宿舍楼正门前，处于和其他宿舍之间的中间位置。在这里的 L 形长石凳，宽达1米，它不仅见证了城市的历史，更见证了我们与相邻宿舍女学生们在此的长时间约会。

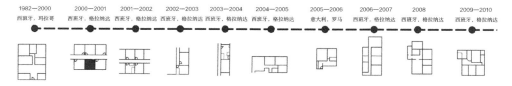

宿舍所在的社区被称为 Realejo，是城市里的一个古老的犹太人区。狭窄的街道，鹅卵石铺地，以及最高5层的建筑物。我想再次提醒一下，我来自于一个仅有50年建筑历史的城市，而现在却发现自己生活在一个有着500年建筑历史的城市。因此，这里确实给我的内心感受带来了很大的变化。它不仅帮助我与历史联系起来，也让我开始欣赏文化的价值。从海边的小旅游城市到依山的历史名城，这绝对是我一生中经历的最显著的环境变化。

罗马

2005年，我获得了奖学金前往欧洲继续学习建筑。我在罗马学习了一年，和另外两位朋友合租了一间公寓。该公寓位于 La Magliana 社区，在市中心的西南方向 5 公里。这是一个安静的社区，主要居民是意大利本土的工人家庭和来自印度的移民家庭。

我们的公寓位于一栋 6 层红砖建筑的二楼，面积约 60 平方米，分为一个客厅、一个房间、一个厨房和一个卫生间。这种情况下，我们不得不将客厅的功能转换为双人房间，并保留原来的单人房间。每个房间有朝北和朝西的外窗，但并不利于光照，所以室内有点暗。入口处的一个大衣柜足够存放我们所有的衣服和物品。

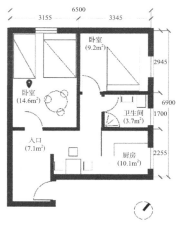

虽然房子里没有太大的空间或充足的阳光，但我记得房间里的每一个空间都很舒适。我觉得原因在于房子被主人装修得很好。例如，家具来自宜家，给

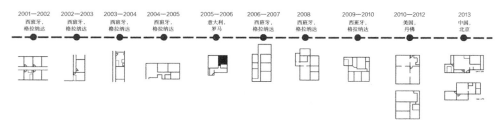

公寓带来了年轻的活力和幸福的氛围。其中一面墙用厚浆的粉饰灰泥，增强了室内的亮感。厨房很小，大约 10 平方米，但来自窗户的自然光和充满年轻活力设计感的家具让它变成了一个非常舒适的做饭和用餐空间。厨房的角落里摆放着一张可供三人用餐的木桌。

我们的社区也没什么特别，只有像理发店、银行、咖啡店和电话亭这样的普通设施，很多由印度移民管理。我不记得它附近有任何绿色的公园或区域可供人们放松或休闲，但有一条沿路几公里长的自行车道。

丹佛

2010 年，我获得了西班牙政府的奖学金前往一家景观工作室实习一年。我很兴奋，因为这将是我第一次启程前往美国，并体验以前在电视上见到的美国生活。刚到丹佛时，我没有地方住，就住在老板家里。几天后，我们前往大峡谷的南缘开展工作，所以接下来的三个星期我们都住在大峡谷的汽车旅馆里。

后来，骑着自行车找了好几个星期后，我终于找到了一套完美的房子。或者说，是房子找到了我。

这所房子是一座建于 19 世纪末的华丽的维多利亚式房屋，位于普拉特河西北的一座小山上，地处丹佛市高地，俯瞰着整座城市。这个社区被认定为历史街区，并被命名为"波特高地"。大多数房子都是 19 世纪末的建筑，维多利亚风格，彼此之间仅有几米的距离，各有一个前院和一个后院。房子没有车库，但这似乎并不是问题，因为可以把车停在家门口的路面上。同时，大树为在人行道上行走或在便道上骑自行车的人们提供了宜人的绿荫。总的来说，我记得这里到处都是丰富的植物，无论骑车或走路，都令人十分愉快。

房子入口朝西，有一个门廊和漂亮的前院，以及一些植物。一层有一个小门厅，客厅和餐厅在空间上相互连接，厨房通往一个可爱的后院露台和天井。

客厅和餐厅的天花板很高，拥有朝南和朝西的大窗户，自然光非常充足。闪闪发光的原始硬木地板铺满了整个房间。这个家无缝地融合了复古的特点，如原始的木头外观和装饰壁炉，同时又不失现代感。

楼上有 3 间卧室和 1 间卫生间。我的卧室在中间，大约 14～15 平方米，拥有两扇窗户，分别朝东和朝南。虽然房间并不大，但窗户透过的充足自然光使房间显得比实际尺寸大很多。房间里还有一个小更衣室，虽只有 1.5 平方米，

但足够收纳一个人的物品。墙壁被刷成了墨绿色，与硬木地板结合在一起形成了一种优雅的呈现。

房主住的主卧室面积约 18 平方米，有一扇朝西的大窗户和一间更大的更衣室。房间里有白色的墙壁和充足的自然采光。房间中央朝着窗户摆着一张双人床。这个房间是所有房间中最好的。此外，这一层还一个 9～10 平方米、朝东的小房间，一个带淋浴、盥洗室和马桶的洗手间，足够我们两人使用。

地下室大约 75 平方米，是放置洗衣机和烘干机的理想场所。没有装饰，也没有漂亮的地板和墙壁，只是混凝土和砖块。因为它隔声良好，我也常到地下室弹吉他。

后院面积大约 120 平方米，院子中心有一棵大树，靠边的几棵松树像屏障一样掩藏了与邻院的分隔墙。这个院子见证了我们尽情享受的那些日子，如春日的早餐与夏日的派对之夜。

总之，这座总面积超过 225 平方米的房子真是一处名副其实的天堂啊。

北京（北苑，798，双桥）

北苑

2012 年 12 月，我来到北京从事建筑师的工作。我的第一套公寓位于北京北部，靠近立水桥地铁站。它位于楼栋的最高两层，即这栋 17 层楼的第 16 层和第 17 层。我当时并不了解情况：在北京，住宅楼的最高两层被用作复式顶楼是较为常见的。以我为例，这套顶层复式公寓的总面积约为 120 平方米。一楼有厨房、洗手间和两间卧室（客厅被改成了其中的一个卧室）。二楼还有两

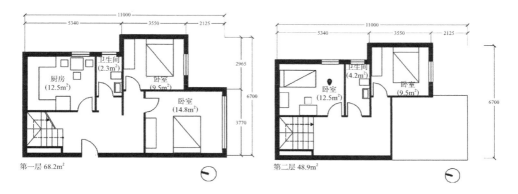

第一层 68.2m²　　　　　　　　　第二层 48.9m²

间卧室，一个洗手间，以及一条宽阔的走廊，我们把它作为集体运动的空间。

　　我住的房间在二楼，是这套复式公寓里最小的房间（9 ～ 10 平方米）。房间的墙壁被刷成了粉红色，布置着白色的家具。根据这样的室内设计，我猜测它原本应该是一个孩子的房间，也许是房主的孩子。就这样，在我 30 多岁的时候，我突然成了这所房子的"孩子"。

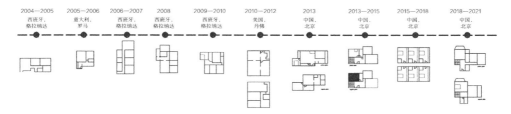

　　这所房子的缺点是缺乏共享区域，比如客厅或餐厅空间。它不能提供一个公共空间供住户见面和交谈。我们唯一有机会见面的地方是厨房，大约15～16 平方米，角落里摆着一张方桌（可扩展）。记得我和室友们坐在这张桌子边可以聊很长时间，边吃边聊各自的家乡。厨房也是整个顶层公寓里唯一一个我可以举办海鲜饭派对、邀请室友和朋友一起参加的地方。

　　立水桥的这所房子给我提供了另一种我从未住过的环境，即住在一个生活小区。与西班牙或丹佛相比，这是最大的变化之一。在西班牙或丹佛，大多数房屋和公寓都没有设置专门的生活小区。而与北京其他小区相比，它并没有什么特别之处。中心的大广场是长辈们清晨打太极的地方，有绿地、凉亭，还有一个小湖。清晨美丽，夜晚宁静。晚饭后我与室友们在小区里散步，甚至和邻居们一起弹吉他。

798

我所在的公司在 2015 年决定搬到 798 地区，位于北京的东北部。于是我也搬到了这个地区，并在 2015 年至 2021 年期间一直住在那里。

最初我住在一个六层的公寓楼里，离公园很近，骑自行车到公司只需要 10 分钟。虽然这里保证了一个安静的环境，但最大的不便就是交通困难，没有地铁或公交。

900 平方米的一楼有入口、健身房、共享厨房和一个大阅览室。他们被装饰得很好，装修与家具都很精致。这座建筑的玻璃幕墙给一楼的室内带来了充足的自然采光。我记得那些空间很大，很宽敞，采光很好。遗憾的是，几年后每个空间都被重新装饰和分配了，目的是提高建筑的空间使用效率。

我们住在这栋公寓的六楼。不得不提的是，通往房间的每条走廊都非常干净，禁止存放任何家具或个人物品。我确实喜欢那种穿过一条干净的走廊回到家的感觉。我的房间是一个朝南的双人卧室，有一个洗手间，一个厨房和一张桌子，总面积为 24 平方米。向外眺望，可以看到在南窗外几米的地方就是一所学校。虽然房间很小，但充足的自然光和宁静的环境使这里成为一个享有舒适生活与学习环境的地方。住在小区的一大优点是去公园和散步都很方便。只需从公寓步行几分钟，你就会发现自己身处一个被树木和湖泊环绕的巨大公园。很难相信这样的地方会出现在一个有着 2200 万人口的巨大城市中。这很了不起。

2018 年，由于这座建筑需要重新装修，我们决定搬到更靠近 798 艺术区的另一个小区。这个小区是典型的中式风格，有很多绿地和地下停车场。

我们的房子是一套复式顶层，位于 25 层和 26 层。由于它位于建筑的顶部，所以我们有机会欣赏到这座城市的美景。大楼前面的区域是办公区，大多是一层或两层的建筑。因此，没有任何高层建筑阻挡我们眺望 798 和望京 Soho。我记得拍了面前这座伟大城市的许多景观照片。办公楼，旧烟囱，天空，它们都是我的相机聚焦的对象。

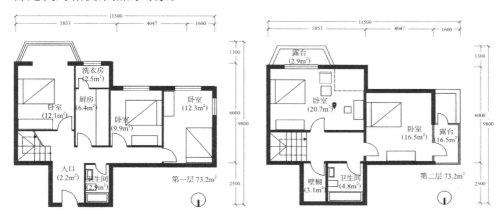

这所顶层复式公寓的一楼有三个房间，一个厨房和一个洗手间。最初，一楼有两个房间和一个客厅，但业主把客厅改成了一个房间，以更加经济。不便之处在于缺乏自然光，因为这个新设计使房子的入口和走廊变暗了。厨房是大家共用的，有时让我觉得不舒服。因为它的尺寸太小了，并不够 10 个人共用。尤其是冰箱，简直就是个灾难，有时找自己的食物都会变成很困难的事。

二楼有两个房间，一个壁橱和一个卫生间。我们的房间原本是客厅，但业主决定把它封闭，变成一个房间。房间面积为 19 平方米，铺着木地板，贴着雅致的壁纸，还有一部分是坡顶的天花板。坡顶的天花板上有一些横梁是用木头做成的。住在楼顶最大的缺点就是保温不足，冬天很冷，夏天很热。我们的房间朝南，保证了充足的自然光，可以让冬天更温暖。但无论如何，我们偶尔还是不得不使用空调。

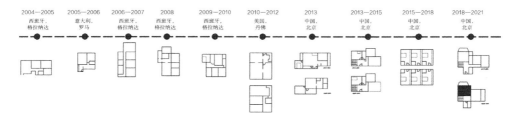

壁橱是一个 8 平方米的长方形房间，有一个很大的架子可以存放所有的个人物品。这一层的厕所两个房间共用，所以使用起来会更方便、舒适。

金隅可乐

2021 年，由于工作原因，我不得不搬到双桥地区。因为我有机会去一家公司担任建筑师，所以决定搬到离工作场所更近的地方。从那时起，我在一个叫作金隅可乐的小区里租了一套靠近双桥地铁站的公寓。

我最喜欢这个小区的地方是在这里可以感受到城市的喧嚣。我们的建筑位于主干道双桥路与另一条道路的交会处，交通持续、噪声不断。可这正是我喜欢在公寓里欣赏的奇特景象。

这里不是一个典型的生活小区（从西班牙来中国后，我习惯了生活小区），大楼的正门很宽敞，到处都是快递箱设施。我们的公寓位于一栋 25 层办公楼的 12 层，通往它的走廊虽然很宽，采光良好，但被用来存放邻居的一些私人物品。

公寓面积 76 平方米，有木地板铺装和高窗。一间客厅，一间双人卧室，一间厨房和一间卫生间。客厅是公寓里最大的房间，采光也比较好。它的高窗朝东，形状依循着建筑的曲线，所以给室内提供了很棒的全景景观。和北京的许多公寓一样，我们有中央供暖系统，使公寓在冬天更暖和。另一方面，虽然窗户很高，又没有窗帘，但我们在夏天并不觉得太热。原因是户型朝东，房间只能在日出的时候获得温暖的阳光。

我把起居室当作自己的办公室，早上坐在办公桌前工作到午饭时间。午饭前，我喜欢绕着大楼散步半个小时。建筑周围的每条街都是步行街，这使得步行或骑自行车更加舒适。此外，一些其他小区的中国人也喜欢来我们的社区下棋、打乒乓球或在健身器上练习。我们非常幸运，小区里就有这么多公共设施。

另一个让我们感到非常幸运的是，这里可以很方便地找到食堂、超市、理发店或面包店，它们都位于大楼的一层。

虽然我对住在这个公寓很满意，但还有一些方面需要改进才能达到更好的生活品质。

首先，是与住户的行为有关。在室内，许多人将走廊用作个人物品或垃圾的存放处，使这个公共区域气味难闻，视觉效果差。类似的情况也发生在另一个公共区域——室外的人行通道，许多人不注意公共卫生。

其次，与维护有关。例如，仅有很少的预算被用于粉刷墙壁、走廊、固定踢脚板或维护清洁电梯。这些建筑设施虽然不是生活所必需的，但它有助于居民生活得更加舒适，获得一种精神上的平和。同样的情况也发生在我们小区的户外设施上，比如长椅、地板或植被，有时是脏的或坏掉了。

最后，是有些摩托车在步行通道上行驶。这种行驶亟须限制和规范，不仅是为了行人的安全，保护老人和孩子的安全，更是为了维护公共空间。由于摩托车行驶的强度太大，许多铺装的道路植被遭到了破坏。

努力造就美好未来，变化并非一日之功
——记录湖北省恩施市盛家坝乡二官寨村的环境变化

康梦柳　康斌安

　　我出生在湖北省恩施市盛家坝乡二官寨村，是一名"70后"，现在是一个公司的职员。近50岁的我，好像从没好好地观察过我的家乡，女儿说她想更多地了解家乡，也想让更多的人了解到家乡，希望我能够参与其中。现在看来，跟她们"00后"一起回忆、总结一下，似乎也是一件不错的事情。家乡的变化既是时代的变化，也是人与自然关系演变的缩影。我想从以下几个方面来讲述近20年来的发展变化情况。

　　首先是居住环境。在近20年的发展和进步过程中，家乡发生的最大变化就是：从原来的人畜混居、畜禽散养，垃圾乱倒、柴草乱堆、污水横流的二官寨村变成了如今河水清澈、令人宜居、道路平整、环境优美、景色宜人的国家3A级景区。我认为道路的修建致使回到家乡的时间不断缩短是家乡最好的变化。

　　因为是景区，所以环境要求相对于普通地区要严格得多，比如在许多年前已经禁止饲养家禽、实行垃圾分类集中管理、路边垃圾定时清理、河边河中卫生定期维护、禁止乱砍滥伐、林间维护。在近几年，在政府的扶持下，路边种起了许多的新鲜果树供人们欣赏、拍照、带走留作纪念或者夏日解渴，栽种了不同的花，桃花、映山红、山茶花、樱花等，以此来点缀周围的环境，鼓励并支持村里人种田、种当季未喷洒农药的新鲜农产品进行售卖。

景区图

赏樱图

　　当然，除了自然环境的变化，人文环境的建设和维护也是必不可少的。还记得 20 年前的小土房子会从上面掉下瓦片和灰土，它们经过风的作用就会给周围带来一些灰尘，而现在漂亮的木房子拥有了华丽的外表，宽敞的住宅区不会对环境造成压力，这是居住环境的优化带来的优势。

全景图

　　相对于我的女儿这一辈人来说，我好像莫名地专注于道路的变化：以前走着走着就会脏了鞋袜的泥巴路已逐渐淡出我们的生活，从沙土路、石子路、砂石路、水泥路，进化成了现在平整舒适美观的沥青路，曾经无法抵达家门口的小路也成了现在四通八达的大路。每次回家的路上，我都会感慨："现在这路真好啊，直接就能到达家门口了。不像以前，不仅到不了家门口，还是难走的泥巴路，又长又烂，又脏又臭，不仅费时还费力。"她们这些年轻人，总是在我们说这种话时露出似懂非懂的敷衍表情，这样的情况一直让我十分头疼。那时候还很小的她一直不懂为什么这些话我们总是说不腻？直到后来，她也有了一个机会：跟着爷爷爬山去姥姥家时走了所谓的小道。直到那个时候，她才知道我们感慨的到底是什么，也才知道我们之所以要去其他的大城市打拼是为了什么。这一直是一件让我十分欣慰的事情。

公路图

曾经的石桥变成了时代的见证者，逐渐淡出了人们的生活，成为一道引人怀念的老风景，而它的新搭档——风景观赏桥承载了人们新的希望，成为来者的必然打卡地和最佳观赏区。远远望去，两座桥形成了鲜明的对比，成为可以反映周围巨大变化的有效参照物。还记得女儿小时候在老桥上摔掉了自己的牙齿，那时候还郑重其事地说"再也不要在这个破桥上走了"。结果，现在每次回去，都会看见她在那个老桥上走走转转，至于她在想些什么？我从来没问过。

总的来说，如今的二官寨村的环境可以用一句话来概括，天更蓝、水更清、空气更新鲜，这句话还是闺女告诉我的。

古新桥图

晚霞图

河水图

其次是环境政策的支持和保障。对于我们这个小山村来说，如果没有政府的相关支持、设施建设和资金援助，当地的发展可能到现在还是一个未知数。在 2016 年被选为并且创建 3A 级景区之前，其实我们都发现了家乡已经在不断转变，村干部大哥说："市里的政策下发，准备把恩施旅游发展起来，我们也得加把劲，能当个风景区就好啦。"从那个时候起，很多去大城市打拼的人都返乡改建自己的房子、装饰自己的院子、为家乡的发展尽自己的一份力，乡政府开始拨款为我们修路、修桥、种树，果然不出所料我们成功入选名单。发展和进步仅仅依靠微弱的小力量是无法做到的，只有能够落到现实的政策、机制、文件等强有力的保障才能够实现。

在政策保障之下，人们可以尽情发挥自己的能力贡献自己的策略。每次回到家乡，总会听见老一辈的人在说一些近期的消息：他们说，乡政府资助我们建房子给补贴，以便于后面发展起来风景区后能有更好的住宿条件来提供给

民居改造图

日常生活图

游客。我们现在也在憧憬未来肯定能发展得更好吧，我跟她妈妈退休了就回老家开个农家乐养老，能养活自己还不用太累，主要是能在家待着，这颗心啊安稳得很！

　　他们说，周围要种好多树来净化空气、提供更好的视觉效果、让去过那里的人回想起来都是美好；他们说，现在我们这些老年人也有事干咯，跳跳舞、参加表演、跟年轻人一起玩玩游戏，再也没有以前那么无聊咯、好像日子更有盼头咯。每次看着村委会的人给奶奶他们拍的照片和视频，我们这一辈的人都会特别开心，说：这样看着奶奶好像更年轻了，更有精神气了。

篝火图　　　　　　　　　　　　　　　　猜灯谜

　　他们说，以往没过元宵节孩子们就都走了，现在村里每年都有元宵晚会，召集年轻人参加，虽然我们不懂他们这些创意和活动，但是对于我们来说，终于能跟他们一起过个热热闹闹的元宵节。其实，每次元宵晚会，玩得最开心的不是她们这些"00后"，恰好是举办和参与建设的我们这叔叔辈的人最享受。我们总说因为工作不能留这么久，很遗憾还没参加过晚会，但是每次打视频的时候看见我熟悉的人参加活动、赢得奖金和奖品的时候，自己都是最开心的。我也想过有一天回到家乡去发展，再等等吧，等到我们赚点钱了、孩子们大了、家乡有发展的机会了，就回去吧！

　　他们说，以后垃圾都要集中倒入一个规定的地方，再也不能随便乱放了；他们说以后路上随处都是公用垃圾桶，走在路上也不用把废纸揣在兜里了；他们说再也不用去山上守着自己的山林啦，不会有人偷树啦，国家有保障、村里有补贴，以后的日子可以清闲一点啦；他们说又可以去 huoba（河里）游泳、

山地越野跑

插路烛

钓鱼、乘凉了，那条河啊终于又恢复以前的生气，缓缓流动嘞……一句又一句从老一辈口中说出的话，实际上是我们当地为了保护环境所作出的努力。每次女儿听见这些，都会发出感慨，我想只有这些政策和措施真的落到实际了，才能被爷爷奶奶们讨论吧，因为他们是那里最真实的见证者，他们不懂网络上的夸赞、美化、吹嘘，只知道亲眼所见才为真实。我这个人啊，读书少，不知道她们说的是什么意思。但是，从她的表情里能看出，她好像对这些年的家乡变化感到很开心。确实，我对此也很开心，毕竟那是我生长了几十年的地方，也是我多年后仍要归来的故乡。

最后我也想说说我对家乡发展的一些建议。就目前而言，我们当地的风景区正在蓬勃发展中，我们相信未来也会处于上升期，但是我认为还存在一些问题。

自我约束不够，那就只能加强监管力度。有机会的话，每年寒暑假，我会带着孩子回家乡避暑，我们会到村镇各处走走转转，和年轻一辈聊天的时候总结出了以下几个问题：a.虽然有公共垃圾桶的存在，但是马路上、小河里、河边、停车场等一系列公共区域还是会出现垃圾横躺的现象；b.路边有很多公共种植但是可以自行采摘的果树，它们已经出现枝干残缺、果实掉落、来年无法生长等现象；c.很多公共设施被破坏，新修的河上廊桥有小刀剐蹭的痕迹、公共垃圾桶损坏倒地、石墨改造的装饰物被损毁、供游客观赏的石上作画部分掉落、共享电动车被随处停放；d.农田中的作物被踩踏、偷走，私家农田里有游客随意进出并未经过当事人同意。这些情况的出现都在警示我们：在发展的同时应该做好相关的监管工作，这样既可以维护好当地的秩序、保护好相应的环境区域，又可以省下一笔不必要的重修、重建的巨大开销，我想，这样两全其美的举措应该能产生不错的效益吧。

环境治理很重要，但是污染源头也不能忘。从明面上看，我们在环境方面取得了不小的进步，但是事实上我们所花费的精力、中途产生的污染、未曾设想过的后果都是难以计量的。比如修路方面，在我的印象里，途径我们盛家坝乡到达咸丰县的国道修建从2020年左右就开始策划并投入工程，但是到目前为止，出现了分段修建但是被搁置的情况。在途径我们旧铺古村落和小溪古村落的那条大道上，天晴会出现沙土狂飞、下雨会出现泥泞不堪无法行走的情况，我们每次回去都会途径那段路但是能看见的就是漫天飘着的沙土、车窗紧闭的车辆和被沙土覆盖的汽车表面，能感受到的就是摇摇晃晃的我们、环境堪忧的现状和办事效率的不足。我们不免有所担忧：这么多年都是这种情况的几段路会给大气产生多大的影响呢？我们所做的一切保护措施和这个恶劣的影响比起来谁又会占得上风呢？所以，我们得换一个思路，如果从源头就掐断了环境污染的产生，那我们最终还会花费大量时间去治理吗？简而言之：源头治理记心上。

防患于未然，我们必须时刻准备着。环境治理和保护是一个漫长的过程，我们现在既然已经拥有了比很多其他地区都要优越的环境基础，那我们就应该思考如何更成功地去实现环境保护的计划。与其他地区相比，我想我的家乡欠缺的就是人口数量，因为当地很多的年轻人都外出务工了，所以基本上都是老年人留在那里，爷爷奶奶辈的人根本不了解环境保护的含义以及如何去采取措施，环境保护很难进行下去。那我们就应该为长远的未来做打算，开始吸引年轻人回到家乡、招揽人才为当地建言献策。对此，从省市开始带头发布相关鼓励返乡的政策文件再一步步落实到乡政府、村党支部，一定要严格把关每一步的落实，将返乡好处摆在明面上、补贴帮扶送到百姓手里。我们都是吃饱了才能干活的嘛，所以要是有个离家近又有钱可以赚的工作，我们肯定很乐意回来吧。我坚信，若能够成功解决人口数量问题，环境保护与发展的步伐会加快很多。

对于我们家乡未来的发展方向，女儿想应该就是旅游业、特色农业、林业多方面共同发展。我则认为想致富，先修路，基础设施的修建和完善是未来发展的第一步。所以不难看出，我们所需要做的最大努力还是在对区域环境的设计、规划、改建以及对环境美好现状的维护和环境问题的解决。我们相信未来我们的家乡一定是个既拥有美丽自然环境，又拥有美好人文风情的宜居乡村。

北国城色流光纪

兰　鹈　　陈海燕

1976 年，我出生在哈尔滨这个充满诗意与历史的城市。那时的哈尔滨，正如一位温婉的佳人，既保留着俄式建筑的韵味，又逐渐展现出改革开放初期的勃勃生机。这座城市，用她独有的方式，为我及我的孩子编织了一段段温馨而深刻的记忆。

中国黑龙江省哈尔滨市，被誉为"东方小巴黎"，她的美，既体现在那些历经沧桑的历史建筑上，又展现在日新月异的现代都市风貌中。哈尔滨的人居环境，宛如一幅流动的画卷，将自然与人文巧妙地融为一体。

松花江畔，绿树成荫，清风徐来，水波不兴。夏日的阳光洒在江面上，泛起层层金光，仿佛有无数的精灵在跳跃欢腾。孩童在江畔嬉戏，赤足在沙滩上奔跑，追逐着浪花，享受着阳光和自然的恩赐。那份纯真与快乐，至今仍是我心中最宝贵的回忆。夜幕降临，华灯初上，街道两旁的霓虹灯闪烁着五彩斑斓的光芒，中央大街的欧式建筑，仿佛让人置身于异国他乡，吸引着无数游客驻足观赏。城市的中心，则是一派繁华的景象。历史建筑与现代高楼交相辉映，诉说着这座城市的辉煌与变迁。现代化的商业街区在城市的繁华脉络中，跳动着无尽的活力与创意。摩天大楼高耸入云，玻璃幕墙在阳光下熠熠生辉，犹如一面面璀璨的镜子，映射出都市的喧嚣与蓬勃。

哈尔滨的人居环境之美，非言语所能尽述。她是那样的深沉而隽永，不仅拥有外在的锦绣繁华，更有着内在的文化底蕴与人文关怀。这座城市，用她的智慧与努力，用温暖与关怀，让哈市人民感受家的安宁与温馨。

哈尔滨市圣·索菲亚教堂

随着岁月的流逝，我也从那个在江边奔跑的孩子，成长为了一名家长。我的孩子，在哈尔滨这片土地上，继续着她的童年与成长。

我的父母退休前都是国有银行职员，他们赶上了那个时代的"分房热"，分得了一套90平方米的居所。走进屋内，每一个角落都透露出家的温暖和舒适。宽敞的客厅里摆放着柔软的沙发和实木茶几，室内的装潢朴素而不失雅致，白色的墙壁上挂着几幅家庭合照，为整个空间增添了一抹温馨的气息。卧室的床铺被褥平整如新，地板光可鉴人。仿佛这里的每一处都被主人精心保养。厨房和卫生间同样干净整洁，所有的设施和用具都井然有序地摆放着。阳光透过窗帘洒在光洁的地面上，形成斑驳的光影，让人感受到一种安静而舒适的生活氛围。这套住房的每一个角落都显露出主人对生活的热爱和对家的珍视。

每天放学后，我的孩子都会跑着坐校门口的"送子车"，迫不及待地回家吃姥姥做的香喷喷的饭菜，与姥姥姥爷一起分享学校的趣事。等到我下班回家，我们会一起步行去附近的夜市，那里的人间烟火气总是让我感到无比亲切。街边小摊上琳琅满目的工艺品、铁板鱿鱼的香气、冰冰凉凉的大西瓜，都是孩子童年难以忘怀的味道。如果她在学校表现得好，我还会带着她坐公交车

姥姥家室内环境

去中央大街散步。在那里，我们会在价比黄金的面包石上聆听哈尔滨之夏音乐会的美妙旋律，欣赏金发碧眼的奥地利人在百年洋楼上拉小提琴的优雅身姿。偶尔，我还会请街边的艺术家为她画一幅人像素描，或者在马迭尔西餐厅品尝正宗的俄式美食。

姥姥姥爷家室外环境

哈市居民在松花江边

夜晚的中央大街

站在价比黄金的面包石上

防洪胜利纪念塔

中央大街步行道

后来，由于工作原因，我们搬到了爷爷奶奶家所在的香坊区，这里与之前的道里区有着截然不同的风貌。香坊区曾经耸立着大型装备工业厂区，如哈尔滨电机厂、哈尔滨汽轮机厂和哈尔滨锅炉厂等，这里遗留着工业化时期的痕迹，城市面貌更加复杂多元。红砖房、水泥柱上缠绕着的黑粗电线，以及商业街上密集的店铺，都构成了我和孩子对这片区域的独特记忆。午后，我们祖孙三代经常去家附近的植物园散步，沐浴在温暖的阳光下，感受大自然的恬静与和谐。公园的湖面上，常有天鹅悠然自得地游弋，它们的倒影在湖水中摇曳生姿。而湖边的柳树，则随风轻轻摇曳。漫步在亭台楼阁间，可以看到精神抖擞的爷爷奶奶们结伴跳舞，或是聆听一场由二胡和手风琴组成的中西合璧的音乐会，也能欣赏退休老职工们逗鸟赏花钓鱼的惬意生活。

虽然区域不同，但当时哈尔滨人的生活态度却如出一辙。他们步履匆匆，却又从容不迫，仿佛生活的节奏都在他们的掌控之中。他们的脸上，总是挂着淡淡的笑容，那是对生活的热爱，更是对未来的憧憬。

奶奶家附近春天的植物园　　　　　　　奶奶家附近秋天的其他公园

　　随着孩子的成长，我亲眼见证了哈尔滨市乃至整个东北地区教育与人居环境的显著变化。

　　记得孩子上小学时，为了让她接受更好的教育，我们购买了位于兆麟小学学区的房子。当时的房地产的浪潮正席卷而来，房价如脱缰的野马，一路飙升。尤其是学区房，更是炙手可热，被炒到了天价。我们家的房子，虽仅几十平米，却承载着对孩子未来的期望。每一寸空间都被精心规划，每一个角落都被充分利用，仿佛连空气都充满了紧凑与充实。然而，狭小的空间也意味着生活的拥挤，房间内的布局紧凑而局促，家具紧贴着墙壁摆放，几乎没有多余的走动空间。厨房和餐厅合二为一，一张狭小的餐桌几乎占据了整个空间，每当用餐时，家人只能紧紧挨着彼此，共享这有限的空间。卧室更是狭小得只能容纳一张床和一个简易的衣柜，连转身都显得有些困难。一家人的工作和学习用品只能堆放在房间的角落，让本就狭窄的空间显得更加拥挤不堪。而楼外的环境，也让人难以接受。由于社区管理不到位，垃圾随处可见，空气中弥漫着难闻的气味。小商小贩不规范摆摊，无理由占用机动车道路，将作为唯一出入口的车道堵得水泄不通。街道两旁，破旧的建筑摇摇欲坠，墙皮斑驳脱落。绿化带更是荒芜萧瑟，几乎看不到一丝绿色。东北，这片曾经繁华的土地，在时代的洪流中逐渐衰败。

　　五年后，孩子升入哈尔滨市第76中学，开始了初中生活。由于主城区土地资源的紧张，我随孩子在短短四年里经历了三次校区的迁移。学校的教室设施陈旧，桌椅板凳破旧不堪，卫生条件也令人担忧，垃圾处理不及时，卫生死

学区房室内环境

狭小拥挤的"老破小"

角随处可见。这些问题让我深刻感受到了东北学校基础设施的薄弱和卫生保障服务的欠缺。看到孩子在新校区里努力学习，我心中既欣慰又担忧。而我自己，也在工作和家庭的双重压力下，更加深刻地体会到了生活的不易与责任。

　　由于我的工作原因，孩子还会偶尔去哈市平房区。这里虽然不如新区繁华，但却有着独特历史底蕴。在中航工业哈飞、东安发动机等大厂，可以看到20世纪老电影里的壮观场面，一群群穿着蓝色工装的工人从厂子大门涌出，只是他们脸上不再洋溢着劳动的喜悦和自豪，而是被生活的重压所压垮的疲惫与无奈。

　　那时的东北，仿佛被一层厚重的阴霾所笼罩。曾经那股热气腾腾、充满活力的工业气息，已经随着岁月的流逝而逐渐消散。走在街头巷尾，你能感受到那种深深的失落感。人们的眼神中少了几分光彩，多了几分迷茫。他们或许在思考着如何面对这突如其来的变故，或许在寻找着新的出路，但无论如何，那种曾经的豪情壮志似乎已经不再。

哈尔滨市第七十六中学

中考过后，孩子顺利考入了哈尔滨市第三中学（群力校区），高中三年，不仅是她个人成长的关键时期，也是哈尔滨人居环境，特别是两个新区发生巨大变化的重要时刻。

群力新区，位于新城市之心，带给我们无尽的惊喜与欢愉。这里，不再是旧日的破败与沉寂，而是一片崭新而充满生机的土地。众多大型建筑如雨后春笋般崛起，它们以独特的姿态，诉说着新时代的故事。

为了给孩子提供更好的学习环境和生活条件，我与丈夫在多个地产公司中筛选，最终我们决定在盛和世纪小区购置一套住宅商品房。

一踏进屋内，映入眼帘的是一个宽敞明亮的客厅。木质地板，光泽温润，既环保又耐用，与浅黄色的墙壁形成和谐搭配，散发出一种自然的光泽，仿佛能吸收阳光的温暖，再将这温暖缓缓地释放到整个空间，营造出温馨舒适的居住氛围。

客厅中央，一排米色的沙发静静地摆放着，它线条流畅，面料柔软，坐在上面，仿佛整个身体都被它温柔地包裹，让人不由自主地放下一天的疲惫，尽享此刻的宁静与安逸。沙发背景墙上，一幅油画静静地悬挂着，色彩鲜明，笔触细腻，为整个空间增添了几分艺术的气息。电视柜摆放在沙发旁，简洁大方的外观，沉稳而又不失时尚。柜面上整齐地摆放着一家人旅游时的纪念品，每一件都承载着一段美好的回忆。那些不同阶段的家庭合照，更是记录了我们家庭一路走来的点点滴滴和欢声笑语。此外，还有一些我们与三两好友闲情逸致的书法作品，它们也无声地传递着我们三口之家的对待生活的态度。

客厅一侧，几扇大窗将小区内的景致引入室内。阳光透过窗户，洒在地板上，形成斑驳的光影。窗外，一条红色的跑道在阳光下显得格外醒目，那是晨跑者们的必经之路。清晨，常常可以看到业主们在这条跑道上挥洒汗水，享受运动的快乐。而另一侧，窗外的视野更为开阔。透过它，你可以俯瞰到清晨的第一缕阳光洒满大地，可以看到阳明滩大桥上的车水马龙、川流不息，更可以看到江边日落时分的橘色映像。日出日落，宛如大自然的画卷，温暖而宏大。当晨曦初露，阳光柔和而充满希望，为新的一天注入元气与活力。而傍晚时分，夕阳缓缓落下，余晖灿灿，给大地披上了一层静谧的霞光。此外，客厅

客厅大致布局

餐厅（观江视角）

孩子的卧室

小区楼盘全景

小区内良好的绿化

小区夜景　　　　　　　　　　　小区附近街道主路

的角落里还摆放着一些盆栽植物。无论是角落里的大型绿植还是窗台上的小盆栽，它们都生机勃勃，绿意盎然，让人感受到生活的美好与生机，为室内增添了一抹自然之趣。

　　群力新区的音乐长廊，宛如一条悠长的丝带，在夏日的阳光下熠熠生辉，成为婚纱的梦幻拍摄地，让每一对新人留下美好的回忆。而到了冬日，它又化身为巨型雪人的居所，吸引着无数游客前来打卡，留下自己的足迹。王府井购物中心、银泰百货、远大购物中心等商业巨头纷纷入驻，它们以丰富的商品和优质的服务，吸引着众多中青年人前来尽情享受购物的乐趣，感受时尚潮流的脉搏。而体育公园、音乐喷泉等植被丰富的公园，则成为我们午后或周末休闲散步的好去处。漫步在绿树成荫的小径上，聆听鸟儿的歌唱，感受大自然的呼吸，仿佛置身于世外桃源，让人心旷神怡。

　　除了商业和文化设施的完善，群力新区的交通也是日益便捷。地铁、公交等

音乐长廊与冬天的大雪人

交通工具交织成网，无论是前往市中心还是其他区域，都能轻松抵达，让市民在忙碌的生活中也能感受到便利与舒适。群力新区 15 分钟商圈的覆盖，更是为我们的生活带来了极大的便利，无论是购物、餐饮还是娱乐，都能在短时间内轻松实现。这种高效便捷的生活方式，吸引了大量中青年人才前来定居，使得群力新区成为一个充满活力与创意的社区。而政府对于农村拆迁补偿安置工作的重视，也让许多原本生活在农村地区的居民得到了妥善的安置，城乡之间的融合发展在这里得到了生动的体现。此外，老城区的事业办公大楼也逐渐迁移到新区，使得群力新区的城市功能更加完善。在教育资源方面，群力新区也是不遗余力。除了哈尔滨市第三中学这样的名校之外，政府还建立了许多重点初高中的分校，并引进了众多优秀教育机构，使得哈市青少年在这里能够接受到更加优质、丰富和多元的教育。群力新区的治安状况更是令人放心。小区内保安 24 小时站岗执勤，严格管理进出入人员，街道主路每晚都有警车巡逻。这里健全的治安体系和专业的治安队伍，为居民提供了一个安全、和谐的生活环境。

松北新区，则是现代与古典的交融，是繁华与宁静的共存，它静静地坐落在哈尔滨的怀抱之中，如诗如画，如梦如幻。每当周末或假期，我带着孩子来到这里，让她了解哈尔滨这座城市的变迁与发展。

在西城红厂，你可以感受到时光的流转，也可以领略到创意的魅力。红砖墙、旧厂房，诉说着过往的岁月；现代的咖啡馆、艺术馆，则展现着新的生

音乐长廊与小区隔街对望

公园里的小鸟

公园内的人工河

宽敞的机动车八车道

机与活力。历史的厚重与现代的潮流相互碰撞，激发出无限的可能。在万达广场，你可以品尝到来自世界各地的美食，感受到舌尖上的盛宴；你可以购买到心仪的商品，享受到购物的乐趣。哈尔滨大剧院则以其独特的建筑风格和卓越的艺术品质，成为哈尔滨的文化新地标。在这里，你可以欣赏到世界级的音乐会、戏剧、舞蹈等演出，感受到艺术的无穷魅力。此外，大剧院还经常举办各种艺术展览和文化活动，为市民提供了一个文化交流和思想碰撞的平台。你可以与志同道合的朋友相聚，共同探讨艺术的奥秘；也可以独自欣赏一场展览，享受片刻的宁静与安详。

从一名75后家长的视角看哈尔滨，我看到了这座城市的过去与现在，更看到了她的未来与希望。我相信，在未来的日子里，哈尔滨将继续以其独特的魅力，吸引着更多的人来到这里，生活、工作、成长。而我和我的孩子，也将继续在这片土地上，书写属于我们的故事。

哈尔滨大剧院

　　从狭窄拥挤的学区房到宽敞明亮的商品房，从杂乱无章的社区环境到整洁宜人的居住空间，每一步变迁都见证了哈尔滨市人居环境的巨大飞跃。这不仅仅是砖瓦与墙体的更迭，更是生活品质与心灵归属感的深刻提升。国家与政府的深切关怀与坚定支持，仿佛有一只无形而有力的巨手，在默默引领着这座城市迈向更加辉煌的未来。政府的每一项政策出台、每一项规划落地，都凝聚着全社会的智慧与努力，为城市的蓬勃发展注入了源源不断的活力。当然，我们也要清醒地认识到哈尔滨市在人居环境的改善上仍存在的挑战与不足。在未来的发展中，我们仍须直面诸如城市规划的合理性、环境保护的紧迫性、公共服务设施的完善度等问题。我们必须继续坚持科学发展观，注重生态平衡与可持续发展，深入探索城市发展的内在规律，以人民的需求和期待为导向，让每一项决策、每一项规划都更加贴近民生、更加符合实际。更为重要的是，我们要注重生态平衡与可持续发展，在推动城市经济发展的同时，保护好我们的绿水青山，让城市与自然和谐共生。哈尔滨这座城市才能在未来的发展中不断焕发出新的生机与活力，成为人民共同向往的美好家园。

一甲子如歌岁月，六十载人居印象

李洪勤

　　20 世纪 60 年代初，我出生在山东省烟台市。烟台当时还是一个非常小的城市，我们住的地方距离曾经的烟台莱山机场很近。关于烟台的记忆，是小时候居住的房子靠近一条小河，河水非常清澈，河流水量也很大。虽然那时候社会相对落后，大多数人处于贫穷状态。日常生活也不是太方便，例如，家中没有自来水，卫生间也都是公共卫生间。但是周围环境非常美，水资源丰富，植被茂密。

　　1966 年，我跟随父母搬到了辽宁省绥中县，绥中的社会生活与烟台相比显得非常落后。它落后在哪里？一是道路，从山东坐车到河北一路过来，可以看到秦皇岛的公路是柏油公路，而河北界到达辽宁界后就变成了沙土路。二是商品，这里商品种类非常少，但是物价非常低。很少有人到饭店里吃饭，但是可以购买他们的产品，例如，山东、北京的油条，他们那边叫作油饼。大家吃的都是粗粮，例如，高粱米、高粱米面或者玉米面。高粱米制作的高粱米饭，或者高粱米面蒸馒头，吃了之后口感很差，并且粗糙。与烟台不同的是，这边供应的小麦粉比烟台少，即使有粮票也买不到小麦粉。三是房子，房子都是很老旧的，东北的老房子比较多，很少有新房。绥中的气候与烟台也完全不同，在烟台，虽然冬天也下雪，但是通常情况下最低只有零下六七度或者零下七八度。而这里的冬天更冷，降雪量很大，这边最低温度可以达到零下二十多度。冬天蔬菜非常少，家里需要挖地窖来储存蔬菜。当时绥中有许多日式建筑，一些日常商品也有日本殖民统治的影子，例如，理发店里的椅子都是日本原装的。我那时候年龄小，因为身高不够高，需要在椅子上面架上木板，踩在木板上再坐下。四是规划，县城没有规划的概念，这里没有通公交车，房子也盖得很混乱。站在火车站往南看，映入眼帘的是一望无际的田野，田野的尽头是大海，事实上，在火车站这里，是看不到大海的。火车行驶的铁轨和线路是东西向的，火车站往北是市中心，有一条与火车轨道平行的城市主干道，这条主干道附近分布着县政府、医院与学校等公共服务设施。这是当时绥中给我留下的所有印象。

1970 年，我们又搬到河北省秦皇岛市。秦皇岛是一个古城，它从古至今都是一个战略性的重要城市。那个时候虽然秦皇岛市区（此处指海港区，下文同）内没有公交车，但是从市区到各个辖区之间都有公交车，公交车是长途的，例如，可以从市区直接到达山海关区。我们就住在山海关区，说起山海关，它因为"天下第一关"的美誉而闻名，但很多人不知道的是，八国联军曾在山海关驻军并建立营盘，如今山海关仍保存着中国现存最大、最完整的八国联军军营旧址。我们现在所说的老龙头景区西南的军营旧址准确来说更像是英军营盘的遗址，在我的印象里，山海关英式建筑非常多，在海边就有大约几十栋英式别墅，这些建筑风格简明，都配以红砖的斜屋顶，并且很注重营造住宅周边绿色环境，每栋别墅周边都种着梧桐树。海边之外也曾有很多英式别墅，可惜后来因为要修建山海关长城配套建筑，在 20 世纪八九十年代这些英式建筑几乎全部被拆除了。这些房屋的设计与质量都非常好，建筑地基高出地面半米到一米以上，下雨不会出现雨水倒灌的现象。青岛海边的德式建筑也是这样的，房屋地基高出地面一米多，基本不会面临房屋被淹的情况。而我们在黄河和长江水域的房子地基设计得非常低，通常只要下大雨就会受到影响。除了设计，这些建筑质量也很好，我不知道屋顶是什么材质的，但是在这些建筑被大量拆除的时候，许多人将屋顶的金属铁片拿下来制作成大盆，用于清洗衣服和给小孩子洗澡，在频繁地与水接触下，这些大盆竟然丝毫没有生锈。

山海关长城城楼
（手中黑白照片是 1977 年我与父亲在此拍摄合影）

山海关长城城楼内挂画——万里长城山海关古建复原图

山海关长城城楼内天下第一关匾额

山海关长城城墙

（以上图片均为作者于 2017 年拍摄）

　　工作后，我从秦皇岛来到了河北省沧州市。提起沿海城市，很多人首先想到大连、青岛，在河北省内，最多能想到的也是秦皇岛、唐山。然而，沧州自古沿海，历史上曾是"海上丝绸之路"的北方起点，还以丰富的鱼盐物产供养中原地区。如今，沧州更是凭借黄骅港，被列为北方重要港口城市。但是当时沧州南边，靠近海边的区域，居住环境非常差，没有任何宜居性，比绥中还要恶劣。我记得整个海边都是淤泥，没有沙子，缺少沙子，就没办法盖房子。除此之外，沧州有大量的盐碱地，因为土壤含盐量太高使农作物低产或不能生长，也无法直接建造房屋。我们的工作内容是用土将两万多平方米的盐碱地培高一米以上，然后在上面盖红砖的房子，保证在大多数情况下下雨时房屋不会遇到雨水倒灌的情况。我们盖房子时候用的沙子一毛多钱一斤，与当时小米的价格相同，可以说是非常昂贵。

当时水资源非常匮乏，因为地下水中含有盐碱，不能饮用，只能利用附近的一条人工河流，使用船只将水从很远的地方运输过来。一旦下大雨，有时候会影响运水，因此需要储存水。水就非常贵重，为此大家基本上都不给小孩洗脸、洗手。渔村的老乡都吃什么呢？秋天收获大白菜之后，由于大白菜放置过久容易损坏，通常不清洗大白菜，只是将其切成小块，与茄子块相同，当然大一点的切一段就像切丁一样。将其稍微晾晒至没有水的程度，就可以放到坛子里面将其储存起来了。但是大家通常舍不得吃这道菜，老乡们主要还是吃鱼，当时近海非常容易捕捞到鱼，捕鱼又几乎不需要成本，只需要打捞出来即可。

我只在沧州待了一年，20世纪80年代初，我就调回我的家乡——青岛，回到这里长期工作与居住。在此之前，20世纪70年代初，我的父亲曾在北京工作5年，我也跟随他在北京居住过一段时间。北京给我的印象是有很多杨树，风吹树叶哗哗响，听起来声音很美。除此之外，并未大量种植其他种类树木。那时候北京还没有开通地铁，公交车也相对落后，但是线路却很多。那个时代北京的物价相对稳定，大多数生活物资都有供应，餐馆的价格也非常便宜。历史建筑较多，建筑主要以老房子为主，给人一种很压抑、陈旧的感觉。新房子的功能就非常齐全，除了有室内卫生间和自来水入户，还配备了电视机。我第一次在北京见到电视机的时候非常吃惊，一个盒子里怎么会有人？20世纪70年代之后，北京开始出现洗衣机。想象不到衣服还可以用机器洗，在当时简直是天方夜谭。在秦皇岛、绥中、沧州这些地方很少有，没有听到过的词汇，脑子里也没有这些词汇。我还清楚记得1979年，单位领导来北京购买了一台洗衣机，回去之后同事们"炸锅了"。就好比现在，谁家有一个机器人——那就是惊天动地的大新闻。之后我也曾无数次来到北京出差，现如今在此长期居住。北京给我最直观的感受是城市规模比原来大很多，并非局限于一个房子的大小变化，它的反差在城市面积的变化中，更多的是整个城市量级与尺度的改变。除此之外，北京的包容性比南方城市高得多，我也曾在上海居住过一段时间，这可能与我的口音有关，相比之下，北方口音具有较强的包容性。在这里，语言沟通没有障碍，这也是北京给我的感受之一。

与 20 世纪六七十年代相比，20 世纪 80 年代初的青岛并没有太大变化。因为父母工作原因，他们每隔 4 年有一次探亲假，我得以有机会跟他们回到青岛居住一段时间。整体来说，1981 年以前的青岛，市区面积比较小，其中老房子居多，这里说的老房子指的是德国和日本在青岛殖民时期遗留的建筑。在海边，可以非常容易挖到蛤蜊和牡蛎，或者是捉到鱼，将其简单清洗之后便可食用。现在这不是一件容易的事情，而且即使抓到了，可能也不敢随意食用。浅海中也有很多小螃蟹和海葵，一年四季盛开不败的"海菊花"非常美丽，这些场景在现在已经见不到了。

青岛海边
（作者于 2023 年拍摄）

明显的变化是从 20 世纪 80 年代中期开始的，青岛被列为 14 个国家首批沿海对外开放城市之一，于是青岛经济技术开发区在黄岛区奠基（如今也称为西海岸新区），大量外商企业至此建设工厂、办公大楼，推动了建筑标准和质量的提升。青岛市区也迎来了巨大的变化，大量德国和日本殖民时期建筑被拆除，成片的城中村以旧村改造或者新村建设等方式进行城市化改造。随后青黄轮渡的开通，作为联系青岛市东西两海岸的交通枢纽，将胶州湾连接了起来，拉动了青岛的环湾经济带，这也在之后近 30 年里成了无数市区、黄岛居民每天都要乘坐的交通工具。另一个转折是 2001 年，北京申奥成功，青岛作为协办城市负责承办帆船项目。自此之后，青岛的经济发展速度加快，城市面貌、基础设施得到了显著改善，一批批住宅开始兴建；青黄轮渡也逐渐被陆续建成的青岛胶州湾隧道、胶州湾跨海大桥取代。我的家在青岛老城区，日常生活范围内随处可见非常多历史建筑，我看着它们陆续进行了一次又一次修缮。百年老街何时能复兴一直是附近居住的老青岛人感慨的话题，如今，这里似乎恢复了往日的热闹，我庆幸一些历史建筑保留了下来，又遗憾于这些建筑已经失去它们原本的样貌。

历史建筑——青岛天主教堂附近街景

（作者分别于 2014 年与 2023 年拍摄）

历史街区——青岛中山路商业街附近街景

（作者分别于 2012 年与 2023 年拍摄）

前段时间我去了一趟绥中。在 1970 年离开绥中之后我从未回去过。我去了记忆里所有地方，除了一个地方我没有去，飞机场不能进入，这与军事禁地有关。但是记忆中所有地方都无法找到，即使千分之一、万分之一相似的痕迹都没有。或许只能在照相馆或者档案馆里，找到遗留的一些照片。这里的规划

曾就读的幼儿园——绥中镇幼儿园

如今绥中最繁华的街道街景 1

如今绥中最繁华的街道街景 2

如今绥中最繁华的街道街景 3

（以上图片均为作者于 2024 年拍摄）

和建设，全部都是新的。

　　绥中镇幼儿园创办于 1951 年，当时名为爱育园，收容在抗美援朝战争中失去父母的朝鲜孤儿。辽宁省仅有 4 所战灾收容所，绥中镇爱育园是其中一所。1953 年在爱育园的基础上建立绥中镇托儿所。1957 年正式建绥中县第一幼儿园。2021 年更名为绥中镇幼儿园。园内三排小院，两棵百年银杏树见证了幼儿园的发展历程。

　　经过多年的努力，我们才能够拥有如今的成果。现在与小时候相比的变化，是社会综合进步的表现。以青岛来说，城市建设紧锣密鼓，街道、建筑变化很快，城市飞速发展给我们日常生活带来了许多便捷，衣食住行各方面体验感越来越好。但是也比较遗憾的是记忆里的一些小时候或者更久以前的历史建筑，它可能因为一些政策或者法规的不够完善，并没有被保存下来或者被修缮好。对于这座城市的很多历史印记，我感觉已经找不到了，如今再看老照片中曾经熟悉的场景，年轻人已经完全认不出了。每个城市都有着自身的特色和特殊的记忆，如今已经有越来越多的人认识到城市记忆的重要性，人居环境改善是一个长期战略，绝对不是 10 年、20 年，它一定是 50 年、100 年。如果能从长期角度建立相关的规章制度，更精细化、更标准化地指导建造、修缮或保护这些建筑，我相信未来每个城市的居民都可以在高密度、高流动性的城市中，找到属于自己的城市记忆。

变迁中的居住图景

李鹏飞

　　我上幼儿园之前和外公、外婆一起生活，住在湖南省郴州市永兴县的县委大院里，住的是两层的干部楼。这套房子一层是两室一厅，有厨房和卫生间，二层有三间卧室，还有一大一小两个阳台，房子的背后就能看到山崖。因为是在南方丘陵地区，所以整个县委大院的住宅都是依山而建的，山脚、山腰、山顶分布有不同机关单位的住宅，有点类似梯田的感觉，"梯田"一共有四层，每一层有 5 户住宅。老人们在门前都会开辟一小块田地来种菜，在二楼的晒台上种葡萄。住宅区外有一条主路，分岔后形成了四条坡道，可以连通不同的层。我读的机关幼儿园离家挺近的，就在山脚下，上学很方便。

外公外婆家二层干部楼外观

湖南省郴州市永兴县县城环境

我父母都是教师，读小学之后，我就到母亲执教的学校职工楼居住。这所小学也在永兴县县城里，我记得叫红旗小学，现在改名叫红旗实验小学。在这个小学里，我经历了三次住房变迁。

小学一开始只有两栋楼，一栋是校舍，校舍后面一栋是员工宿舍。校舍是一栋二层砖混结构的房子，墙面是类似土坯的材质。二楼的地板和栏杆都是木头的，有一种古色古香的感觉。大概二年级之前，我和父母住在校舍后面的员工宿舍里。那时候只有一间房，有一个公共厨房。屋子的面积大概有 5 张 1 米 5 的床那么大，屋里靠墙摆了两张床，我父母睡一张，我睡一张，其余的地方就空出来放东西。

小学二年级之后，学校新建了一栋四层、功能混合的楼，之前的员工宿舍就改成学校的配套用房了。盖楼的过程我也看到了，是用水泥预制板建造的。这栋楼挺有意思的，同一层上既有教师住房，也有教室。从每一层的楼梯间上楼，一头是学生教室，另一头是三户教师住房。每户都是比较标准的住宅户型，两室一厅一厨一卫，厨房和卫生间是嵌套的，去卫生间必须经过厨房。这套住房南北通透，我家在楼里最靠西的位置。那时候的房子没有任何的隔热和保温，也没有空调。西晒的时候特别热，我们家最常用的处理方法是夏天睡觉前在地板上直接浇水，然后铺凉席直接睡地板，这样地板上会凉一些。冬天取暖家里烧蜂窝煤，用一根烟囱捅出去，放三个蜂窝煤，差不多可以烧一晚上。我记得小学五年级的时候还差点一氧化碳中毒出事。有一天睡觉起来觉得头剧疼，我爸妈就感觉我可能是一氧化碳中毒了，赶快扶我到外面坐了一会儿，然后喝水缓了半个小时。

　　我从小学二年级到上大学之前（2000年）一直住在这里，人生主要的青春时期都在这里度过。最大的感受就是居住环境非常的喧闹，因为学生上课也在同一栋楼里，在楼梯上跑上跑下特别响。除此之外，父母上班、我上学都很方便，但是对于小朋友来讲，其实比较缺少自由度，放了学就得回家。父母站在阳台上啥都看得见，站在阳台上一瞅一喊就得回家。这种生活算是有利也有弊，没有任何叛逆的可能。优势就是上学很方便，不太可能迟到，只要不从楼下摔下去，就没有什么安全风险，但是对于小朋友来说，就没有太多的自由度，只能在学校里玩、在学校里好好学习，下了课就得回家。大多时候我和同龄的小伙伴就在学校里玩，随便用粉笔在地上画几个框，追追打打地玩。学校里也有双杠、单杠、跑道、沙坑、滑梯之类的设施。

　　这期间学校也经过了整合扩建，但是上大学之前我们一直住在这里。我初中、高中读的县一中，就在小学隔壁，所以也不用搬家，太近了，走路就5分钟。初中、高中的时候其实很想有一点自己的空间，我特别喜欢踢球，但是那

和教室连在一起的教师住房

小学原来的教学楼后来被改为住宅

时候父母可能觉得踢球会耽误学习，不让踢，这就悲剧了。站在我们家走廊上就直接能看见县一中的操场，我在不在踢球，一眼就看见了。我记得初高中同学在操场上肆意挥洒汗水的时候，我只能偷偷地踢个 20 分钟就赶紧回家。这个时期最大的一个悲剧就是不像别的孩子能够肆意妄为地玩耍，家里管得比较严。

县一中后来与小学合并，小学又在另外的地址新建学校，我们家也随之搬到新校址。2000 年下半年，我出去上大学之后，小学新校址建成了，形成了标准现代化、绿植覆盖的校园。学校盖了一栋六层、一梯两户的家属楼。这个时期家属楼和教室分开，但也在同一个院子里面，我们家搬到了新校区标准的四居室。

红旗实验小学新校区　　　　　　　　　　　　小学校园环境

小学家属楼外观

2000 年下半年，我到中国农业大学读本科，住在学校西校区的宿舍。男生宿舍是 6 人一间，宿舍里有来自安徽、湖南、山西、黑龙江的同学。我对北方的大学校园生活有两件事情印象比较深刻，一件是第一次见到了沙尘暴。我记得有一天去教室上学，感觉外面特别黄，嘴和鼻子里面总是有细微的小沙子，吐也吐不出来，但那个时候还不知道是沙尘暴。中午去食堂吃饭的时候才听同学跟我说这叫沙尘暴。那时候沙尘暴很严重，漫天都是黄色的，嘴里有沙子也处理不了。另一件是赶上了在北京也相对挺冷的零下 15 度，游泳池里的水都结冰了。

2004 年大学毕业后，我在学校旁边的菊园小区租了一套两居室，准备考研和找工作。一开始我是和一个大学同学合租，后来他搬出去，我和女朋友就两个人住。最开心的事就是没人管我了，我每天下午可以骑着自行车穿过家属院到学校里尽情地踢球，寻回一点青春时期的自由。菊园小区的房子是标准的一梯两户，南北通透。整套面积大约有 65 平方米，当时的租金是 1300～1500 元 / 月，和现在没法比。

2008 年，在北京举办奥运会那年我和女朋友步入了婚姻。菊园这套房的房东把房子收回去自用，我们就搬到了立水桥附近的"明天第一城"小区，在这里我们租了一套 80 平方米的两居室。这套房子有电梯，但是房子所在的单元楼靠近道路，窗子下面就是马路，隔声不太好、有点吵。选择租住这套房子

北京菊园小区

（图片来源：百度地图全景）

主要是因为这套房原本是一个医生的婚房，他装修完之后基本没住过，看起来很新。我那时候在北四环亚运村附近工作，乘坐快速公交 3 号线通勤，还算比较方便，有时候也自己开车上下班。

　　住到 2011 年，"明天第一城"的房东打算把房卖了，我们又搬到了农大东

立水桥明天第一城

（图片来源：百度地图全景）

区家属院。房子是四居室的，这套房子是真的很不错。但整租实在太贵，我们就租了一个带独立卫生间的主卧。这间主卧的租金大约 2000 元 / 月，客厅、餐厅、厨房和其他人共用。刚开始搬进去的时候只有房东的哥哥住在这里，之后好像还有一户人来合租过，其实也不挤。这个小区还有地库，停车非常方便。小区隔壁有一家圣熙 8 号购物中心，我们在里面租了一个约 80 平方米的柜台，开了一家服装店。住在这里既方便去亚运村上班，也可以兼职照看服装店。住了大概 1 年，我老婆怀孕了，需要整租一套房子，所以我们又搬到了回龙观"新龙城"住了 1 年。这套房子考虑到整租的租金问题，选了很久才定下来，租的是 100 平方米的两居室，租金是 3900 元 / 月。

农大东区家属院

（图片来源：百度地图全景）

租房期间，我们也在 2011 年买了自己的房子。房子是一套 87 平方米的两居室，南北通透，一梯三户，位置在地铁 8 号线朱辛庄站附近的"领秀慧谷"小区，房价大概是 15000 元 / 平方米。那时候刚好碰上开店把钱都亏没了，我们找人借了 3 万元才把新房的公共维修基金和物业费交上，后来又借了 3 万元简单装修了一下房子。我丈母娘找了几个工人，我自己也上手装修，大部分的家具都是在回龙观的旧货市场买的，只新买了床垫、空调、冰箱。我和我老婆觉得旧家具也挺好的，因为它不用散味，用起来也没什么问题，性价比超级高。我现在觉得那些家具买得太值了，茶几 100 块钱、五扇门的大衣柜差不多就 300 块钱、床 500 块钱、沙发 200 块钱，一体式橱柜买的都是二手的，和家里尺寸有点不适配，我们就自己用工具改一改，所以 3 万块钱才能搞定装修。

2013 年我们搬进了新房，这时候小朋友也出生了，房子住起来挺舒服的，周边配套设施也挺好的，就是交通很不方便，我开车通勤大约需要 50 分钟。

领秀慧谷小区

（图片来源：百度地图全景）

三年之后，我的公司在深圳开了分公司，我负责深圳分公司的开拓和经营，于是 2016 年我搬到了深圳，一直定居到现在。考虑到孩子上学的问题，我 2016 年在学区附近买了一套小房子。半年后我又租了一套 150 平方米的四居室，老婆孩子还有我父母也搬过来一起生活，租金大约是 1.25 万元 / 月。选择这套房最主要考虑的是通勤的便利性，附近的车公庙地铁站有四条地铁线可以换乘，去东边和西边办事都很方便。后来我们又在附近换了一套 80 平方米的两居室，和父母也分开住了。租金大约是 8000 元 / 月，比之前便宜了很多，但我没觉得在生活品质方面有所下降。

回看我生活过的这些地方，故乡是山清水秀的，但是在生活和工作上就没有那么便利，适合父母在家养老。在北京的生活，我最大的感受就是通勤问题，长距离通勤很浪费时间。回想起这些年来自己住过的所有房子，我最喜欢的还是现在深圳住的这套房。80平方米的两居室就能满足我的生活需要，还能提供很好的便利性。虽然也有缺点，比如没有自己的书房，家里老人来了没地方住之类的，但是仅仅是从自己一家人居住的角度出发，我还是最喜欢现在住的这套。

对于住房本身，我觉得它作为固定资产，被赋予了太多的属性。过去就是因为房子承载了太多的东西，所以才会掏空三代人六个钱包。我觉得现在完全没有必要为了房子放弃更多的东西。"房子是用来住的，不是用来炒的"。当房子不承载那么多东西，变成一个能够遮风挡雨、能让人睡个安稳觉的地方的时候，它就变得很简单、很纯粹了。房子归根结底是为人的生活服务的，人不能成为房子的附属品。房子在脱离它的金融属性之后，够住就行。能够为自己的事业、为孩子上学提供一些便利就够了，感觉很多人也开始转变观念了，房子的属性最终还是会回归到居住功能本身。

我的居乡，和光同春

李希然　杨继侠

　　　　从百草园砖房到高层公寓，山若漂移，海亦变迁，生命起舞共赴春的
　　盛宴。

——题记

孩子们的百草园

　　"你看看你，又在追小鸡……"我站在砖瓦房门口朝女儿喊，总是为孩子
在田里乱跑而烦心。孩子小时候最爱的就是咱家的院子，宽敞、平坦，又有许
多的树啊花啊鸟啊，这对于喜爱大自然的我简直就是天堂。

　　那时候家里住的是砖瓦房，在城市郊区的乡下，在那时我的记忆里，村里
什么都有：大水塘有，麦田果园有，家畜有狗有猫有，还有很多小店铺，孩
子们总是喜欢去小店里买一些小玩具打发时间。现在回忆起来，好像这段时光
近在眼前。记得我们小时候上学，每天都要天还没亮就要出发，步行去学校，
要走好几公里。那时候门前的路还是土路，不是现在的水泥路，更不要想柏油
路了。下雨的时候真的无法想象那路有多难走。

　　家里的砖瓦房只有一层，一个大客厅，三个卧室，一个厨房，还有一个不
像厕所的厕所，因为是那种小茅房厕所，当时羡慕别家有两层的房子。一层的
砖瓦房住着很舒适，冬暖夏凉，虽然里面的家居简陋但齐全，就是很容易积累

灰尘，也不怎么清理，所以表面看起来脏脏的。房子后面就是一小片空地，堆满了稻草的空地，乡下环境在我看来是比城里好的，好在怡人的风景、清新的空气、古老的建筑是我的舒适区，可能由于咱们村里人对空气质量要求比较高吧。那时候我们一个村里有很多都是互相认识的咱家人，每一户人家相隔都不远，周末总是喜欢去亲戚家串门，大家往来都很频繁。

农村的集市不在村里在镇上，有早市也有晚市。家里的老人总是喜欢天还没亮就去赶集，或是买或是卖，一直到大概晌午归来。那时人们的生活习惯都还是早睡早起，早市一般天蒙蒙亮就开始了。有菜市也有其他类型的集市，真可谓应有尽有。假期里孩子最喜欢在集市里逛，买一些自己喜欢的小玩意儿，满心欢喜地回家，拥有着自己的小天地。

宽敞住宅

后来，我们家从农村搬到了城里，想着可以住得离学校近一些，不用浪费时间在路途上，也不用起那么早。城里的房子是六层的中高层居民楼，小区的绿化很好，其中有广场健身区。再也不是老家的平房了，成了中高层公寓；再也没有宽广的院子了，只有窄窄的阳台；再也没有一些家禽鸡鸭鹅了，只有楼顶暂歇的飞鸟……空间一下子缩减了很多，出门也要下很多级楼梯才能抵达地面。交通方便了许多，绿化却少了。家里的环境整洁干净了许多，家具都是一尘不染的，虽然有的地方物品会堆放得比较多，但是也还能接受这种相对整洁的环境。

终于走上柏油路了，家里也有了汽车、电动车，道路宽敞了，出行方便了，购物也更便捷了，生活水平真的大幅提升。但是，孩子还是有些想念她的小鸡、她的大鹅，毕竟城里小区也不方便养这些家禽；想念她小时的大院，那些高大的果树，秋收时都可以收获很多甜甜的果子。虽是这样说，但城市生活真的更好更方便，有时周末假期也会回到老家去看看老人去重新享受一下乡下生活。

孩子从小学到高中，我们都住在芜湖，这么多年亲眼见到了她的变迁和改善。高楼更多了，低矮的楼房拆迁，居民楼都是高层住宅，科技在进步，家居越来越智能，越来越先进。半城山半城水的芜湖城，沿着长江、沿着青弋江，是实至名归的鱼米之乡；江南风光也让我享受到了，无论是气候还是城市地形，都很宜居。也许只是纯粹的念想吧，希望我们的城市不要被污染，永远都是健康存在着。

记忆里的小美满

小时候，空气很清新，乡下的景色也很美，绿色很多，最大的快乐就是傍晚去田野里奔跑，去探寻一些珍奇。那个时候还没有什么污染，工业也没有那么发达，没有新兴产业，没有大工厂排放，总之，人居环境美好，人与自然和谐共生。

"月的潮汐，漫随云的舒卷；山水林田湖草，永续着爱的诗篇……"正如《和光同春》中描述的那样，One Earth，One Spring，人类与自然，都是生物多样性的一部分，都是生态系统不可或缺的组成，我们必须做到习近平总书记说的"绿水青山就是金山银山"，这个地球才能长久生存。

到了孩子小学、初中的时候，有几年空气质量不太理想，江南地区都出现了雾，以至于霾，一早出门得戴上口罩。找不到是什么原因导致的空气问题，只记得那段时间没有什么艳阳高照，天空都是灰蒙蒙的。依稀记得孩子的班主任总是关注出行健康，放学总是叮嘱孩子们注意安全戴上口罩。嗯……不过这些也是小插曲，我们皖南地区的空气质量还是一直都很优秀的！

芜湖作为皖南宜居城市之一，拥有绝佳的地理位置，有山有水有历史。最具代表性的应该是鸠兹鸟和鸠兹广场了吧。我还记得孩子小时候鸠兹广场会举办一年一度的风筝节，住在我家楼下的爷爷每一年都会参加，算是对传统文化的一种传承与发扬。鸠兹鸟是我们市的吉祥鸟、吉祥物。孩子高中时期搬过一次家，有一段时间一直都没有到访过鸠兹广场，再去看时，已是另一模样：广场上原来的柱子翻新，有些树被砍去了，喷泉也换了一个样式的，是变得整洁了，但是原来的中古气息也已不复存在了。

"流光飞旋，星河轮转"，社会进步、科技发展，带来时代变迁。

"万物有情，如风繁衍"，人与自然和谐相处，才是王道。

"蓝色星球飘浮穹宇之间，生命起舞共赴春的盛宴。"

人居环境似黄金

终于，孩子高考结束。她说，回望这三年她两点一线的生活，再花一两天时间漫步过那些她曾走过的城里的街道，既熟悉又陌生。轻轨在这座江城里穿梭着，成为一道亮丽的风景线。

回望过去，道路上总会飘着一些灰尘；而现在，一眼望去，干净无比，绿化带、斑马线、隔离线，整齐清晰，让人心旷神怡。时过境迁，我们的居住环境真的在变美、变好，交通设施都在改进，最有力最环境友好的变化应该是新能源交通工具的投入使用吧，公共交通的便民化，不仅更加环保，还为市民减少了不少烦恼。交通事故减少了，柴油汽油燃烧排放减少了，一切的一切都在为环境而改善。

新时代中国特色社会主义提倡生态文明建设，人类与环境的相互依存相互影响的关系是生态文明建设的重中之重。可持续发展战略是人类命运共同体构建的必要策略，这也是我们人类在地球上宇宙中生存更久的根本战略。而我认为最重要的，是要做到人与自然相统一，人与自然相适应，如此，人民才能幸福，国家才能繁荣，民族才能复兴。

美丽世界，万千斑斓；异域同天，根脉同川。

天地与我为一，万物与我并生。

日月与我生生不息，世世不离，彩云与我相依，最美的春天里……

愿我的居乡，永远和光同春。

家的变迁：80后夫妻的居住故事

马占荣　韩萍

一、西宁市老房子

　　青海省西宁市是青藏高原的东方门户，有着独特的自然资源和绚丽多彩的民俗风情。我的家乡就在西宁市湟中区汉东乡，我老公老家在下扎扎村，我老家在附近的村子。和这边农村所有的老房子一样，我老家的房子是一座低矮的土木小屋，用木头支撑着屋顶，用稻草和土砌了墙。那时家里虽然只有三开间，但却有一个大大的院子。后来有了红砖头，又用砖头重新砌了正面的墙，把门面变得很好看。那时吃的都是自己家地里种的菜，夏天种小麦、油菜籽，冬天就吃窖里的土豆。

　　小时候没有人和我说过努力读书就可以有不一样的人生，我身边大部分人的成长经历都是女人生孩子、干农活，照顾家里老人。我以为每个人的生活都是这样的。我妈妈是个开朗的人，爸爸虽然不识字，但还是让我们每个孩子都上学、识字，只是爸爸也不知道该怎么表达知识对我们以后的作用。我十五岁那年因为学不会，跟不上而辍学了。

　　2005年结婚后，我老公就去给别人打工挖金子，那时候给的工资很低，一个月才七八百块钱。他出门打工后，我就在婆家照顾公公生活。我和公公种地，养了二十多只鸡，嘴馋的时候就宰只鸡来吃。家里有了一点钱后，我和公

韩萍老家房子

公就把房子翻新了一下，公公觉得房子特别好。

生活慢慢变好了，2007 年的时候，我怀了第一胎，2008 年北京奥运会过后，我生了老二，两个孩子都是女孩。那时候觉得房子有了，女儿有了，再生个儿子，我的人生就完美了，虽然只是四间小平房，但我觉得很满足。

2011 年，我生了老三，是个儿子，我有些激动也有些失落。因为我担心公公重男轻女，但我想错了，他把所有的喜欢都给了我大女儿，他说老大是家里的希望，以后要让她上大学。

二、西宁市楼房

2011 年，为妥善安置甘河工业园区西区范围内需要搬迁的湟中区汉东乡和大才乡 16 个村农户，园区管委会与湟中区在附近的多巴镇城东村投资集中建设了康川新城，搬迁户从 2012 年 7 月开始陆续搬迁入住。2015 年 8 月，西宁市委、市政府决定将 6540 亩工业用地用于建设西宁园博园，着力探索将绿水青山转化为金山银山的实践模式，助推绿色发展样板城市、新时代幸福西宁建设，努力在生态脆弱、欠发达地区走出一条整体实现绿色发展新路。

2011 年，因为要建工业园区，我们住的地方和周围几个村都拆迁集中安置了。老房子拆迁后，我们家分配到了一户康川新城的房子。后来之前的位置还建了西宁园博园，我们还去了一次，有湿地和很多植物，挺好看的。

在西宁园博园的合影

　　老三三岁的时候我们才搬到新房子住，住了 5 年。康川新城里的房子我们住得很舒服。房子户型是按每户人口数分的，我们家里人多，分配的是 125 平方米的大户型，三室两厅，两个卫生间。小区里的楼都是六层的，没有电梯，

康川新城

康川新城周边环境

康川新城沿街住宅楼

我们运气好，抽签抽到了三层，公公上下楼也很方便。我们整个小区都是回民，那边的条件也好，冬天暖气很足，屋子里面热乎乎的，干一天活之后躺在床上很舒适，根本就让人不想起来。我们家老四在青海海南州住的时候，冬天冻得脸通红，回到西宁的家里住两三天，皮肤就缓过来了。

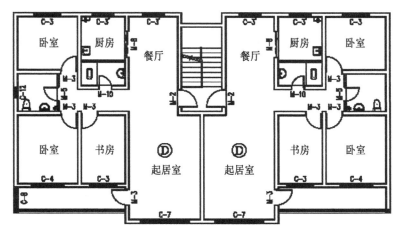

康川新城住宅平面图（示意）

三、内蒙古巴彦淖尔

2018 年 2 月，我公公去世了。我和我老公都很伤心，但也没办法，家里这么多孩子都指望着我们两个人吃饭。我就和我老公说，我们夫妻俩要坚强起来，好好把家撑起来。后来跑车子拉货挣不上钱了，我就和我老公带着孩子去内蒙古巴彦淖尔磴口县养牛去。

当时他是和他朋友一起养牛，结果牛也不是好养的，牛饲料很贵，牛吃得也多，我们把所有存款都用完了，还得还贷款，家里实在没吃的了，我只能厚着脸皮让我妈妈接济。之后我去火锅城打工洗盘子，我老公喂完自己的牛又去挣外快帮别人喂牛，才勉强能让孩子和牛有饱饭吃。

我们那会儿为了节省开支，就在县城里租了一栋毛坯房，1 年租金才 2500 元。便宜是便宜了，居住条件却很差，有一次我那几个孩子调皮，一脚就把门踢得稀巴烂，砖都掉下来了。而且内蒙古的冬天好冷，到 2 月份一直都是大风不断地吹，我们房子没有暖气，密闭性也不行，就算升一个火炉子也根本起不了作用，热气根本存不住，后来我们回到西宁的时候甚至都觉得西宁的冬天好温暖。

虽然在那边的生活很艰辛，但是在外面转一圈后他们那里的人改变了我的思想观念。我感觉那边的人生活好积极，他们对住宿和生活的要求不高，但是很能干，很勤快，吃的饭菜也简单。而且他们特别清醒，一定要等有了自己的能力之后才结婚，一下子就教育了我，我感觉他们这样才是对的，我也要让我的孩子不要急着结婚，不能像我一样。

在那边一年后贷款到期了，牛又得了传染病，实在没办法，只能把得病的牛烧了，考虑回老家。我老公说他没用，把日子过成这样，出来这一年一点钱没赚到。我就和他说咱们五个人在人家地盘上白吃白住了一年还不美。我老公就笑了，我也笑了。

四、海南藏族自治州

回到家后我们还是觉得青海好，但生活不让我们停歇。2019 年老公带全家去了一个给我们希望的地方——青海海南州。那年我 32 岁，我又查出来意外怀孕，是个女孩，医生说打掉风险很大，我想，那一切就随命运吧。

我们贷款后在城里开了一个小饭馆，生意还不错。一楼、二楼是给顾客吃饭的地方，我们一家六口人住在三层，屋顶是用彩钢瓦搭的。房间的布置比较简陋，用板子留了个过道，剩下的空间隔成了三间房。房间里面放了高低床，其实就是一个卧室的作用。虽然有一个卫生间，但也不能用，我们一般都去周

青海海南州共和县餐馆外

围的公厕上厕所。吃饭的话就在一楼的厨房做。屋里有集中供暖，但是一点也不热。外墙是三七的砖墙，刷了个漆，也没有保温，但比在内蒙古时候的房子好很多。

逢年过节的时候我们要回康川小区，带上四个孩子坐公交太累了，逼得我们买了辆车。虽然现在过得很辛苦，其实老了以后回想现在也会觉得幸福。我们种地的时候感觉那时候好苦，现在回想也是个好时候，那时候我和我公公一个夏天都吃不到一块肉，老公回来的时候拿了两百块钱，我们俩冒着大雨骑着摩托去买了一个羊腿，吃了一顿热的肉饺子，好幸福好美。现在只要我想吃肉，随时都可以吃。

我母亲的房子这几年也翻新了，屋子有精美的雕花大梁和敞亮的阳光房，又美观又大气，一家人可以一起在里面晒太阳，活动身体，日子越过越美了。过去的日子全部都是好日子，人生每个阶段都有每个阶段的幸福，知足才能常乐。

现在几个孩子在一所学校里上学，我们算是运气好，现在都是九年义务教育，学费国家都给免了。我们生在好年代，这是最大的幸运。我们只要引导孩

韩萍老家房子翻修后

子做个好人，就已经成功了。现在虽然没有太大的精力，但我们全家偶尔也会到山里玩，已经很幸福了。最重要的就是全家平安，健康，快乐。

五、对未来的展望

将来慢慢生活条件有一些改善以后，我想带着家人们出去走一走，看一看，第一步就是去北京天安门看看。饭馆生意好一点的话，就在餐馆附近买一个小一点的套房，孩子住得暖和一点，自己也享受，晚上还能洗个热水澡。要是再剩下一点钱就能租好一点的商品房给孩子们。等把贷款还完，把孩子们拉扯大，女孩子要是有能力的话，上个大学找个好工作，不要太早嫁人。再多的也求不来，只盼着孩子们能珍惜现在来之不易的一切。

映象家乡

牛存启

    我的老家在豫北农村，村庄及耕地处于黄河故道边沿，村子北边是东西向绵延的沙丘，沙丘上最常见的是枣树及其他耐旱的杂果，耕地是典型的沙地，保水保肥能力很差，村子南边耕地半黏半沙，再向南边就是金堤和金堤河，农业灌溉多靠机井。

一、生活中的井

    儿时的记忆中，家门口左边是一口井，吃水用的水井，是一口旱井。旱井是从地面向下挖，挖到地下水层，铺石子和沙子，用砖环砌到地面，大致有三丈来深。为了使井水充足，井底面积比较大，直径一丈多，向上砌的井帮逐步缩小，到井口直径剩余到有两米左右，形成口小肚子大的井筒子，井口用青条石砌成方形，很标准的"井"字。

    吃水都是从井里打，一根柳树皮拧的井绳，鸭蛋粗，头上用树杈做一个钩子，钩上铁皮水桶，下顺到井里，摆或掂翻水桶，打满水再拽上来。掂或摆井绳打水是个技术活儿，弄不好水桶掉到井里或打不上水。经年累月，井绳能把青条石磨出深深的沟，是直观见过的绳锯石痕。

    打上来的水，用两头带绳钩的扁担挑回家，那时个子小，水桶还离不了地面，需要把钩担两头的绳子在扁担上绕一圈，力气不够也只能挑两个半桶。

    遇到天旱的年景，旱井没水，村中间还有一口机井。机井直径要小得多，井上有辘轳，搅上来省力。不同的是首先打水需要更娴熟的技术，井绳不能摆，只能是掂，靠上下掂井绳让水桶打满；其次，水提至井口时一手把辘轳，一手拽井绳，辘轳跟井绳配合，小孩子掌握不好，加上离家较远，足有半里多地的样子，我不敢去那挑水，除非找人把水打上来。

村里还有第三口井，再往东边，村里学校墙外的街口，但井水是苦咸的，吃水没人去打，和泥砌墙湳大街才用。

稍大一些有了胶轮人力车，应该是我最先做了个拉水的架子，四根圆木连成支撑架，支到车轴上，上面担一根长的木头杠子，两端可以吊上水桶，一次拉两对水桶，省了力气也提高了效率，这是我记忆最深的发明。后来有用架子车放汽油桶拉水、自家院子打压水井、村里机井边建水楼、自来水进家、水管通到厨房、用上太阳能洗澡等，用水越来越方便。

生活条件改善，用水不仅是吃水了，厨房洗碗池、洗衣服用洗衣机等，用量大，废水也多，排水问题越来越突出，各种废水没地方排，回家常看到生活污水沿胡同和街道漫流。

二、房子，攒钱盖房子

我们村原来就叫高砦（zhài）村，农业学大寨的时候改成了现在名字高寨，一圈有土砦，我记事的时候已经没有砦门了。我家住在村西头，靠砦边，砦里头第一家，砦外是一条排水沟，平时很少有水，秋天雨水大时，村庄北边田里的积水汇入，向南能通到金堤河。

我刚记事儿的时候，家里四代人住在一个狭窄的院子里，东屋三间，北房两间，西屋两间。说是有多少间，其实有梁或有隔墙就是间，一间房小得很，一张床一个小桌子就满了；床是土炕或几块木板，桌子是土台条石；低矮的房子，油纸裱的窗户，阴暗潮湿。

东屋三间是家里最好的房子，半米高的根脚为板砖，往上是外包覆青砖土坯，北土坯墙隔成单间，南单砖加木质十字格栅隔断，单扇门通到里间，一明一暗两间。白灰缝青砖加枣紫油漆格栅，倒也雅致。三间东屋是我父母在我五岁时在祖屋旧址上翻新的。

北屋两间，土坯房，东边当门是灶火，曾祖父靠西边住，是曾祖分得的祖产。西屋是土垛房，半截山墙加半根房梁隔成两间，套里间是个大土炕，奶奶领着大点的妹妹住，很小的窗户，是我父母在砭边取土、和泥，一叉叉垛起来的。

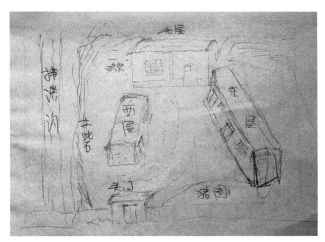

原先的院落布局

（图片来源：作者手绘）

10 岁左右，第一次记得家里盖房子，翻盖北屋，同时拆了西屋。

印象最深的是打地基，把打场用的石磙立起来，用铁丝绑在井字形杠子上，8 个人抬打夯。夯实找平砌半米平砖，砖渣填空，往上是外立砖内土坯，一丈多起脊，人字梁，红瓦盖顶，一天上梁，两天扣瓦，红砖红瓦房几天里拔

原先住的房子

（图片来源：作者摄于 1999 年）

地而起。那时，放了学的我能爬到架子上接大人抛上来的砖，小姊妹几个也能帮大人砸砖渣、填空隙了。

那年，家里有了红砖铺地的三间瓦房，兴奋丝毫不亚于如今房间铺瓷砖、木地板。

改革开放初期，村里规划新街道，建起砖窑，开始新村建设，家里分了新

原先住的房子

（图片来源：作者摄于 2004 年）

影背墙

（建于 1992 年，摄于 2007 年）

现在的房子

（2011 年建，2015 年拍摄）

现在房子的影背墙

（2011 年建，摄于 2023 年）

的宅基地，又陆续起了两处新院子，辛劳的父母，在 20 多年的时间里，为了子女一直省吃俭用，不断地盖房子。

家里的弟弟，完整继承了父母对房子的热忱，随着经济条件的改善，2011年翻新了父母留下的房子，又攒钱为下一代在县城买房子、装修房子，坚定地循环着国人对房子的追求。老家现今的院子，就是 2011 年在住了 30 年的"五

现在的房子

（2011 年建，2023 年拍摄）

间带廊新瓦房"原址上翻新的。主体一层半，上下现浇混凝土圈梁，现浇混凝土顶，主打一个结实。进入主房是近 50 平方米的大厅，左右各两间起居室，功能有了区分。厅顶部正中吊灯，四周吊顶内嵌射灯，四面墙壁涂料落地，地面满铺地瓷砖，带窗套大玻璃窗，带门套复合室内门，功能及装饰明显改善。

我自己大学毕业进城，开始工作住单位宿舍楼，结婚生子住单位筒子楼；经历了在走廊中用煤球火、在公用厨房天然气。住房改善经历了单位分房、买单位房改房、买单位商品房，三十多年来，生活有了天翻地覆变化。

中国有"基建狂魔"的别称，从历史上看，对新基建的追求是深植于国人骨子里的基因，新城、新区、新路、新桥，都是从一个个具体方面表现出中华民族对美好的追求！

龙脊镇大寨村旅游扶贫亲历

潘保玉

龙胜各族自治县龙脊镇大寨村位于龙胜县东部，在龙胜梯田风景名胜区内，距龙胜县城36公里，距镇政府23公里，全村共有15个村民小组，293户，1227人，98%以上人口为瑶族。全村有耕地面积454亩，水田面积886亩。瑶族先民们世世代代在山坡上劳作，建成了层层叠叠犹如天梯的庞大梯田群。

一、外出打工—返乡创业

大寨村20多年前穷得不得了。1994年，中央台的陈晓卿导演来我们这里拍了一部纪录片，记录了瑶寨山区里的小孩上学困难和贫穷落后的景象。"半边铁锅半边屋，半边床板半边窝"就是我们当时的真实写照。

1998年的时候，我们家虽然很穷，但还不算村里的贫困户，村里把外面的人捐来的衣物发给贫困户后，我和村干部说，要去北京打工才申请到一条裤子。这条裤子又长又大，我把裤脚改了一下才能穿。

1999年，我来到北京打工，在中华民族园做木工，民族园里的木楼都是我们建起来的。当时打工每天能得到12块钱，得到的钱基本都用来参观景点了。我在国庆期间登上了长城，看到长城上人山人海，感觉到了人类工程的力量，也受到了启发。长城是人工造出来的，我家乡那里的梯田也是人工造出来的，梯田的工程量就跟长城有一比，我觉得以后来参观我家乡梯田的人也会有长城那么多。

1999 年我在北京打工期间参观天安门的照片

　　在北京打了一年工，听说家乡打算开发梯田观景旅游，眼界也开阔之后我就回家了。一回到家，看到自己和村民们住的小房子，感觉大寨村走不出大山就没有发展前景。那时候大寨村还没有通往外面的公路，村民出入靠人力和畜力。但是壮观的梯田景色已经吸引到了一些摄影师来拍摄，我觉得办民宿今后一定会火起来。

　　2000 年左右，我和家人一起建了村里第一家民宿。当时穷得瓦都买不起，我们就自己烧瓦，还向信用社贷款了 3 千元钱，卖了自己的牛，筹备了一万多元钱，手工花了 3 年时间一点一点建起来。2003 年 6 月 26 日大寨村正式对外迎接游客。那时候刚好我的民宿也建好了，赶在同一天开张营业，15 元钱一间房。村民们看到做民宿能赚到钱，也开始跟着建民宿，我们村旅游就逐渐发展起来了。

　　当时的手机不能照相，没有相机，也没有网络，游客倒是有相机，怎么吸引游客拍照呢？我就想到写一副对联贴一下，给来游览的游客拍照观看。我自己编了一副"水电路通感恩上级领导，梯田旅游不忘原始祖宗"的对联，贴在大门口，后来游客进来看到对联，感到很稀奇，我拍个照你也拍个照，这一拍照就创出风格了。

二、探索旅游扶贫路

1. 合作开发梯田旅游

　　2003 年，大寨村以梯田和桂林龙脊旅游开发有限公司进行合作。公司和大寨村签订一个 3 年协议：大寨村以梯田景观资源为股份，由企业对梯田景区进行整体包装，统一管理、统一经营。村里每年能得到 2.5 万元梯田维护费，村民需按照规定种植水稻和维护梯田景观。

但当时大寨村面临一个困境：旅游公路正式通车，大寨村需要偿还修建通往外界公路的 11.8 万元费用，但村里拿不出这么多钱。有村干部提出，找一个有钱的老板，一次性偿清 11.8 万元的债务，而 10 年之内的梯田维护费都归这个老板所有。

我当时作为一个普通村干，否定了这个方案，认为梯田是老百姓在种，不能白白帮老板种田经营，要让村民都能得利，而且过几年游客逐年增多，以后梯田维护费肯定还会增加。于是我提出了另一个方案：请求龙脊旅游公司预先支付 3 年的梯田维护费共计 7.5 万元。最终得到了村里的支持。后来我找到龙脊旅游公司董事长和镇政府提出这个请求，龙脊旅游公司同意了借贷一定数额的款项给大寨村，帮助大寨村一次还清了债务。由于在这件事上我提出了让所有村民都能分得旅游收益的方案，并推动和龙脊旅游公司的合作，在 2005 年村里换届选举的时候，村民高票推选我当村委主任。

我刚担任大寨村委会主任时，大寨村委仍有欠账。当年的大寨村是国家级贫困村，没有一分钱集体收入，村民还依靠外界的帮助生活。2005 年实施"整村推进"扶贫开发工作后，大寨村逐步建成通村公路和桥梁，建成村文化综合楼和停车场。2006 年，大寨村被选定为"整村推进"扶贫开发与社会主义新农村建设试点村，得到了自治区、市扶贫部门的大力支持，基础设施建设明显加强。

2. 举办晒衣节

2005 年的时候，我们村虽然在开发梯田旅游，但知名度还不高，所以我也一直在思考有什么办法能把我们红瑶族的民族文化传播出去。我想到我们瑶族每年农历六月六都要过节，对瑶族来说，六月六是和春节一样重大且隆重的节日。六月六那天家家户户嫁出去的女儿，出去的女婿都要回来，老人家也把衣服都拿出来晾晒，叫作晒衣节。按照瑶族的传统习俗，六月六要织布、纺纱，还有很多传统的活动。于是，到 2006 年，我想把过节的气氛再搞得热烈一些，召集村民一起把晒衣节举办好。

龙脊镇大寨村"晒衣节"

由于资金缺乏，我邀请了龙脊旅游公司的介入，公司董事长打算给村里1000元赞助费。他认为瑶族过节不过就是喝酒而已，这与我的想法不太一致，我真正想要的是过节的气氛，这1000块钱很难办下来。

为了晒衣节的成功举办，2006年我去桂林市找了摄影家协会的主席和艺术摄影家协会的主席，和他们讨论办六月六节日的有关事宜，他们请了一些摄影师进我们村进行拍摄和宣传。

那时候我们村有46家村民在开民宿，村里提出每家筹资200元作为活动

龙脊镇大寨村"晒衣节"活动

赞助费。我向村民保证六月六晚上每家每户都会住满客人，如果住不满，村里就把本金还给他，也逐渐得到了村民的支持。2006年的第一个"六月六晒衣节"一炮而红，之后每年举办得都很成功，逐渐形成了一定规模和品牌，整个大寨村因为十几年来晒衣节的成功举办，景区的知名度迅速提高，游客也多了起来。

三、旅游红利共建共享

1. 分红管理

游客增多后也出现了一些管理上的问题。一些村民为了拉客，带着游客走小路逃票，造成了景区管理混乱。为了解决这个问题，村里成立了景区协管队，配合公司去抓逃票人员，抓住后要求游客补票。这引起了一些村民的不满，认为村里在帮旅游公司挣钱。

村里和旅游公司在2004年到2007年的分红方案是公司每年固定给村里2.5万元旅游收入分红，但村民积极性不高，造成了管理混乱。2007年，我通过村民代表会提出了新的梯田分红方案，并得到村里的支持。在和公司继续签协议的时候，和龙脊公司董事长提出了调整方案，如果仍按之前的方案分红，景区管理会持续混乱，最后决定按景区门票收入的一定比例进行分红。最后协商确定的保底价是15万元，超过15万元就按收入比例的10%给大寨村，核心

大寨村2016年度旅游扶贫成果分红仪式

景区占 7%，非核心景区占 3%。在 2008 年的时候，村里按照游客进入量分得 14.7 万元（补足 15 万元），在 2009 年分得 15.6 万元，一直到 2019 年大寨村分得 720 万元，都是按这个比例来的。

2. 梯田维护

梯田作为大寨村最主要的资源，我们全村村民的工作就是要种好田，种田就是种风景，维护好我们的景观资源。随着大家纷纷从事旅游业，一些村民逐渐把梯田种植和维护放一边了。

2008 年村里就成立了梯田维护队，谁家丢了梯田就去他家做工作。有的家庭是因为家里只有老人和小孩，没有劳动力，实在耕不了田，梯田维护队就帮他家耕种和维护。

此外，龙脊旅游公司与各村寨签订梯田维护协议，提出了梯田的奖补方案。大寨村负责种田造景，如果进入大寨景区超过 36 万人次，龙脊公司另奖励耕种农田的村民，每亩农田奖励 100 元。为了旅游业的持续发展，大寨村制定了分配方案，将龙脊公司分给大寨村的梯田维护费收入，50% 用于奖励给耕种梯田的村民。20% 按人口分给，20% 按户分给，5% 分给公路占用平台受损山林的农户，5% 分给村委作为村集体收入。到了 2013 年又重新调整了分配方案，提高到了 70% 补助种田。12% 按户分给，12% 按人口分给，3% 分给公路占用平台受损山林的农户，3% 分给村委作为村集体收入。按此分配方

大寨村村民以传统的"耦耕"方式进行春耕

案 2019 年每亩农田能分到 8900 块钱。

随着梯田资源费补偿金额的增加，村民们都积极地参与梯田的稻作活动，早就不需要梯田维护队进行监督。每年旅游公司都会来核查各家稻作的面积，依据耕种梯田面积发放奖励分红。

四、大寨村金坑变金山

1. 修建索道

大寨村村民收入是从 2013 年修建索道后显著提升的，从那之后明显感觉游客多了起来。当时索道公司原本打算在平安壮寨修索道，从二龙桥修到平安。但是平安乡觉得修缆车对他们影响比较大，不想让公司参与。我以前去过张家界，看到那边的游客那么多，回来之后我就反思，为什么我们这边没有游客，还是交通条件不行。所以当时我到县里和副县长谈，提出到大寨村修建索道。大寨村村民们一开始也不同意，特别是抬轿背包的村民，怕修索道后抢了他们的生意。索道施工队进场的时候，被村民赶出来，4 个多月没法进场。

后来我找了村两委，一起讨论了这个事情。我认为缆车是一个交通工具，可以方便游客上下山，它并不会抢村民的饭碗。游览梯田要居高临下，从高处往下看视野更好。而且抬轿背包是个苦力活，在山路上抬轿背包很危险，也挣

金坑大寨梯田观光索道

不到什么钱。此外，缆车修通后，来村里游玩的游客肯定会增加，以前没法上山的小孩和老人都可以过来。

和村里的干部交谈完之后，我们分头给村里 31 位村民代表做工作，最终 25 个代表签字同意，和索道公司签订了协议，索道修建的事情就落成了。索道在 2012 年底建成试运营，从 2013 年以后，居民收入每年翻一番。

索道公司缆车收入的 7% 分给大寨村及县政府，其中 40% 给县里，60% 给村里。村里人可以免费乘坐索道。和索道公司签署协议的时候，我提出梯田景观"资源费"的概念，才争取到了索道公司的分红。

2. 再创一个黄金周

原本到每年国庆节之后就该收割梯田里的水稻，但从 2017 年开始，考虑到黄金周后游客量仍然很大，很多游客还想看金黄色的梯田。此外，村民投资建房的成本也很大，稻田带来的游客能增加村民营收。于是我们提出了推迟收割水稻，再创一个黄金周的想法。

后来到村里征求村民意见，超过 80% 的村民都同意，村里就把这个承诺书交给旅游公司，对外进行宣传，保证游客进村还能看到金黄的稻田。于是 2017 年稻子留到 10 月 16 日，2018 年就一直就留到了 20 多日，2019 年留到了 26 日。不过无论如何，绝不会为了观赏价值而浪费粮食不去收割。现在有一个打算，如果我们想留下金黄色的景观，村民可以把稻穗割回来，把稻草留

金黄色的梯田景观

收割梯田水稻的场景

在田里，就能继续维持一两个月。

五、未来展望

大寨村坚持扶贫旅游开发，这 20 多年来，从道路基础设施，到游览的便利性，再到村民接待游客的能力和村民意识上，都发生了翻天覆地的变化。如今大家都知道梯田景区就是自己的"铁饭碗"，村民们保护梯田景观的意识也有所提高。

现在我们村旅游开发做得还不错，依托与龙脊旅游公司和索道公司签订的协议，村民能拿到旅游分红和耕种补贴。景区还积极发展农家乐和餐饮住宿业，80% 的村民都参与到旅游服务业，村民收入稳步提高，家家户户都发生了巨大的变化。原来一穷二白，什么都没有，现在冰箱、洗衣机、彩电、空调一应俱全。智能手机出现了，村民几乎是每人一个，现在日子越来越好。我也非常开心，当初的设想正在逐渐实现，发自内心拟了一副对联："梯田美景四海宾朋共分享，生态旅游广大民众同受益，横批：皆大欢喜"。

对于大寨村未来的发展，首先，我们要继续保护和传承瑶族的民族文化。我们在分红的利益分配中也提出鼓励村民传承民俗文化。无论男女老少，只要整年穿着瑶族的民族服饰就有 4% 的奖励。

龙脊镇大寨村景观风貌

对于文化传承，村里面下一步打算建一个村史馆。村史馆里将展示我们最开始使用的劳动工具和老古董，还会收藏见证大寨村从一个非常贫穷的村庄发展起来的老照片，并把它一直传承下去。建村史馆还有一个原因，我们的村的发展事迹不仅仅只是周边县的村来进行交流和学习，外省甚至国外的一些村庄都来和我们交流。这些对外交流也是对大寨村梯田文化、企业和村民互利互惠合作模式的展示。

对于冬季梯田景观的开发还要加大力度。现在一年当中只半年时间在耕种，另一半时间基本是闲着的。今后要想办法挖掘冬季景观资源，让一年四季都是景。今后的旅游开发依然还是要以政府引导、公司主导、村民配合为主。

"江作青罗带，山如碧玉簪，户多输翠羽，家自种黄甘"

—— 一位建筑设计师眼里的桂林民居变迁

卿志山

　　我祖籍江西，生长在广西桂林地区一个小县城里。青少年时正赶上"上山下乡"的浪潮。下乡青年点里，汇聚了来自四面八方的青年，一起下地干农活、一起生火做饭、过着紧张忙碌的集体生活。那时候，住宿条件非常简陋，每天天不亮就起床，耕地、除草、上肥，日复一日，一晃就是六年。我爱好唱歌，忙碌之余，总在田间山上组织歌唱活动，收工之余，拉二胡、弹风琴，走村串寨文艺演出，也有幸结识了和我相伴一生的太太。

　　1972 年，公社要各生产队建粮仓，我为建粮仓出了不少力，于是公社派我去广西建筑学校学习村镇建设专业，从头开始学绘图、学施工、学工程、学管理。结业后，回公社做业余农房建造技术员。

我与太太

1975 年 10 月我调到广西桂北的灌阳县建筑公司，后又进入县建筑设计室，成为一名基层技术员，真正投入家乡的建设。20 世纪 80 年代初，我通过成人高考，进入重庆建筑工程学院，进行系统的学习。

我的学习留影

1993 年，我调入桂林市某设计院成为建筑设计专业的负责人，直到 2023 年结束退休返聘。从业三十多年，我一直在设计一线打磨技术，每接触一种建筑类型，我都会认真听前辈传授的经验、积极配合其他专业的同事，主动去工地了解新技术，并将自己的经验传授给青年一代。

桂北民居培训

作为一名建筑设计师，我学习桂北传统民居建造工艺、不断提升农村民宅的设计技术，我亲历了桂林建筑风貌的变迁，更将自身的设计热情投入到桂林市容市貌的建设中。

一、初识桂北传统民居建筑风貌

"江作青罗带，山如碧玉篸"，这是我最喜欢的桂林诗句。谈到桂北民居特色，就得从广西这片土地讲起。

广西是有着悠久历史文化的地方，四、五万年前就有"柳江人"和"麒麟山人"在这里生活，秦始皇统一天下后，把珠江水系和长江水系连接起来，七分水流入湘江，三分水流入漓江。中原文化和岭南文化不断地影响桂林地区，历史上在民间留下很多独特的建筑风貌，比如飞檐翘角马头墙、商铺街坊骑楼。但桂北地区因地方偏远，交通不便，中原文化进入时间较晚，人数也较少，很多都延续着传统的生活方式。桂北以山地为主，民居普遍半杆栏式，而且还有侗族、瑶族等少数民族的文化特色。

我创作——风雨桥及猫儿山庄设计手稿

从建筑形式上，桂北地区属于山区典型喀斯特地貌，山坡多平地少，盛产杉木竹林，当地民居建筑以杉木为建筑材料，依山而建，多为底层架空二层居住的半干栏式木构建筑，基础是青灰色石材、主体部分是杉木、顶部是黑灰色小青瓦，青灰色的建筑与自然山水融为一体。在平面布局上三开间，五开间变化多，天际线错落高低，起伏有序。悬山、披檐、挑台、吊脚，层层出挑，挑廊、垂花柱与花窗等木雕，花纹简洁流畅、寓意深刻，丰富多彩、朴素大方。

桂北地区传统民居搭建和修缮，依旧采用手工匠人的传统手艺，遵循建房基本风俗，隆重又热烈，一家建房，全村出动。就拿上梁来说，就分好多步骤，包括伐木、选梁、制梁、祭梁、上梁、扮梁、抛梁、谢梁，每个环节都虔诚又热闹，确保房梁平稳周正、房屋永远稳固。

二、打磨乡村民居建筑设计技术

20 世纪七八十年代，以农业为主的桂北地区，村民居住条件非常简陋，很多村子没有道路，也没通电，房屋破旧不堪。懂规划会建筑设计的专业人员少之又少，当时像我一样的技术员，必须作规划、画方案，设计建筑和结构施工图，甚至一般的水电设计，都是边学边干。

那时候，村民生活方式也悄然发生着变化。村里通了电，方便产出更多农副产品，村里修了路，自留以外的农副产品更方便运到村外。1985 年，广西举办"农宅和文化中心设计竞赛"。当时有建筑界前辈黄日孚和袁怀善老师悉心辅导，鼓励我参加设计作品竞赛。我亲戚家是做小鸡孵化的，常去帮忙干

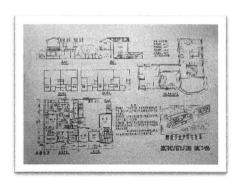

孵化专业户农宅设计图及获奖证书

灌阳洞井文化中心设计图及获奖证书

活，于是就设计了一个"孵化专业户农宅"，得了广西壮族自治区 1985 年建筑设计竞赛二等奖！

之后，我与同学合作的作品——灌阳"洞井文化中心"又斩获了自治区三等奖。这两个设计后来编进了《广西农村住宅和集镇文化中心设计方案选编》，在目录中我的名字竟与广西业界有名的设计师排在一起，不知心里有多受鼓舞！

三、亲历桂林城市风貌变化

从 2000 年开始，桂林市进入风貌大改观时期，启动了好多建设项目，邀请全国各地的建筑设计院参与、设计大师学术讲座，比如吴良镛、张开济……参与桂林城市建设。我当时作为评审专家，被选中为一些重点项目做评审，包括桂林市中心广场、桂林市中山路改造、桂林两江四湖景区规划建设等。

那时候时兴欧式宏伟的建筑形式，很多新建和改造项目都大量使用欧洲建筑元素。这些欧陆风格，从单体上或者组群上，都非常恢宏气派，但与桂林隽秀柔美、小巧灵动的山水环境不相融合，极不协调。

经过这些年的学习实践积累，我与一些有识之士，总结出桂林建筑设计呼应山水、呼应文化的两个重要方向：一是要与桂林山水环境和尺度相协调；二是建筑细部要传承桂北民居建筑精华、元素符号。

我创作——大桂林"千家洞"景区综合楼实景

我创作——华江瑶族"水街"项目

四、实现建筑设计的传帮带

到了退休年龄，我接受蓝天科技股份有限公司的返聘邀请，成为主抓建筑设计业务的副院长。我打算发挥余热，也能陪年轻一代成长。

公司每年都举办新技术新工艺的学习活动，我经常与年轻设计师一道，学

南方农宅的"下尽""中挑""上收"

蓝天公司 EPC 项目设计图——粤东会馆和老街

改造项目方案设计图——广西金秀瑶族县长二村农房风貌提升设计

习建筑设计行业的新技术。我很乐意把自己总结的设计经验，毫无保留地传给年轻一代。

广西壮族自治区开展乡村振兴以来，我接触到越来越多的乡村改造项目，带领年轻的建筑设计师团队，提升乡村整洁的面貌，改善使用功能，努力实现"三生共融"。

根据多年工作实践，针对近年南方自建农宅普遍的建筑布局，可以总结归纳出"下尽""中挑""上收"的特点。为改变"千村一貌"，又能与村民共情，我总结出几套风貌立面改造的设计方案，亲自做示范带培训，一定要将桂北民居改造的设计经验传承下去。

自画像

回顾以前，兴趣使然也好，国家需要也好，我从知识青年成为建造师，从建造师成为建筑设计师，再传帮带培养年轻人，我觉得非常满足。希望我的晚辈和后生们都能青出于蓝而胜于蓝。

中国人居印象
——我的家乡：贵州省铜仁市德江县

唐欣怡　覃江霞

我的家乡在贵州省铜仁市德江县，在那里我有两个家，一个是坐落在青山绿水间的小村庄，被大自然的恩赐所包围；一个是现代化程度更高的小县城，依然群山环绕，仿若与世隔绝。

在孩子小的时候，每逢周末与放假之时，我都会带着孩子和母亲坐上开往老家的中巴车。车上人挨着人，货挤着货，大多数人总是一边寻找着下脚的地方，一边与偶然相遇的熟人大声交谈。

清晨，当第一缕阳光穿透浓密的树叶，洒在村庄的土地上，整个村子都被染上了一层金黄色的光晕。村民们早早起床，开始一天的农作。青壮年挽起衣袖，挥舞着锄头，耕耘着沃土，他们的汗水在晨光下闪着晶莹的光芒，身影仿佛与大地融为一体。与此同时，勤劳的妇女们手持镰刀，轻盈地穿梭在麦田间，收割着金黄的麦穗。她们的动作娴熟，每一次镰刀落下都是对丰收的期许与祈福。而年幼的孩童们也不甘示弱，他们或跟随父母在田间劳作，捧着小篮子帮忙采摘农作物，或在旁边拿着小铲子玩耍着挖土，尽管他们的贡献微不足道，但他们的参与却让田间增添了一份欢乐和童真。在这片并不十分丰饶的土地上，男女老少齐心协力，共同谱写着生活的乐章，他们的劳作不仅是为了生计，更是对土地的热爱和对生活的热情。

21 世纪 20 年代初的贵州山村，充满了朴素、简约和自然的氛围，与现代

图 1　车站排队候车

图 2　群山环绕的村庄

都市的喧嚣和繁忙形成了鲜明的对比。在这个时期，村子里的房屋主要由土坯房、竹屋和木屋构成，以及简单的家具和生活用品；只有有钱人家才能住上泥瓦房，拥有全村人都羡慕的黑白电视机。

我们家的房子就是木屋。与土坯房相比，木屋结构更加牢固，耐久性更强，是由当地连绵的山里天生地长的木材建造而成，屋顶则常常采用木瓦或者石板覆盖，防止雨水渗透。木屋内是家人亲手打的木桌、箱笼、竹床等。在这个年代，家具的种类和数量都比较有限，大多数家庭都是按需制造或者自己动手制作。此外，我们家还拥有一些基本的生活用品，比如土陶器皿、竹编筐子、木制厨具等，这些用品都是由当地材料制成，简单耐用。

尽管条件简陋，但村民们依然能够通过自己的劳动和智慧，创造出一个温馨而美好的家。每当过年过节，家家户户都会挂起红灯笼，门口摆上一桌丰盛的饭菜，邀请亲朋好友共聚一堂，团圆共度美好时光。

图 3　2024 年除夕做南瓜角角

我常常回忆起小时候的情景——农村里上学很困难，但是为了让我能够更早地接受教育，父母安排了两个哥哥来照顾我。上学的路上，哥哥们轮流背着我。尽管我淘气时常坚持自己走，大哥总是默默陪着我，而二哥则严肃地坚持要背我到家。家里人一度误以为哥哥们在欺负我，却不知这是哥哥们对我关爱的不同表现。

图4　第一张全家福

　　随着时间的推移，哥哥们逐渐长大，从山里的小学升入镇上的初中，而我也从小小孩成长为能够照顾自己的少年。我开始学会照顾比自己小的弟弟妹妹。尽管家里并不富裕，但父母的勤劳始终让我们能够吃饱穿暖，尤其是母亲的无私和努力支撑起了整个家庭。

　　再后来，有部分年轻人外出务工，也有人往离家更远的地方去打工，当年轻人们在外面奋斗一年收获满满地回到家时，村里更多的年轻人也投来了羡慕的眼光，所以在那个时候，好多初中毕业就随着一些比自己大一点的人外出打工。我也不例外，跟随邻居家大姐踏上了改变我一生的人生路。在辛勤工作以及政府的扶持改善下，我和爱人在县城里买下了房子。与此同时，我拥有了我的第二个家。

　　在县城里，家庭生活与农村有着显著差异。首先，在乡村，家里没有自来水，生活比较艰苦，但县城里，却早早实现了自来水、通信等基础设施的普及；其次，村庄里人们放松的方式是随机挑选一户人家的院坝，三三两两地坐在凳子上摆龙门阵（聊天），而县城里的人们消遣方式就多了，可以在家看电视，运气好的，当放映队到来时，坐在社区院子里看时下最时髦的电影；区别最大的是教育，乡村的学校很少，而且离家太远，但是县城里的学校就近得多，也方便得多。

随着时间的推移，我的家乡发生了翻天覆地的变化。

首先，社会的发展带来了生活方式的变化。随着城乡一体化的推进和交通的便利化，人们的生活方式发生了巨大的改变，从过去的农耕时代逐渐转变为现在的多元化生活。过去，农村居民主要以务农为生，生活方式比较单一，而现在，随着城市化进程的加速和信息技术的发展，农村居民的生活越来越多样化，更加注重个性化和品质化。

我很感谢我们的国家与政府，还记得1997年的某一天，山里的农村也通了电，通电的那天整个村子的村民都很兴奋，当时大家也都不懂用电要给电费，灯火通明了整个晚上，甚至有些上了年纪的老人说，在这有生之年还能不用油就能看见的光，值了，我要一直这样亮着。

图5 2021年全家福

政策变化也对人们的生活环境和工作环境产生了深远的影响。政府出台了一系列扶持农村发展的政策，包括农业补贴、基础设施建设、文化旅游推广等，这些政策不仅促进了农村和县城经济的发展，也改善了人们的生活条件和工作环境。随着农村经济的发展和政府的扶持政策，工作条件得到了改善，收入也有所提高，农民们有了更多的就业机会，不再局限于田间地头的辛勤劳作，而是可以通过更多的途径来实现自己的梦想和追求，于是许多年轻人选择留在村里创业，通过农业、旅游等产业发展，实现自己的事业梦想。

其次，科技的进步和环境保护意识的提高也让我们的生活发生了巨大的变化。过去，我们与外界的联系主要依赖于书信和电话，现在，通过互联网，我们可以轻松地与世界各地的人交流，获取各种信息和知识，这无疑极大地提高了我们的生活质量。过去，由于人们对环境保护意识不强，导致了环境污染和资源浪费等问题，但随着社会的进步和人们环保意识的增强，环境治理和保护工作取得了显著成效，大气、水质、土壤等环境质量得到了改善，人们的生活环境变得更加清洁和舒适。

图 6　2023 德江县水龙节

最让我家受益匪浅的是教育。政府加大了对教育的支持，改善了教育条件，县城里的学校如雨后春笋般相继出现，一所比一所优秀，农村也在政府的帮助下建起了更多学校，足以承载更多孩子飞往蓝天，冲向幸福生活的梦。

除此之外，社会文化和社会结构的变化也对我的生活产生了深远的影响。随着社会的进步和开放，经济快速发展，城市化进程加速推进，人口流动加剧，城乡差距逐渐缩小，城市和农村之间的联系更加紧密，我们有了更多的接触和交流机会，了解到外面的世界，拓宽了我们的视野。这种文化的交流不仅丰富了我们的生活，也让我们更加自信和开放；这种社会结构的变化带来了更多的机会和挑战，也让我更加关注社会发展的方向和趋势。

图 7　贵州省德江县第一中学

最后，价值观念的变化也对我的生活产生了深远影响。随着时代的变迁和社会的进步，人们的价值观念也在不断演变，传统的观念逐渐被新的理念所取代，人们更加注重个性发展和人文关怀，这种变化不仅影响了我对生活的态度，也让我更加深刻地理解了社会的多样性和复杂性。

这一系列政策的颁布、经济的发展和社会的变迁，让我在小县城的家呈现出了现代化和传统文化相融合的特点，与过去相比，家居环境更加多样化和舒适化，家居装饰、设施和生活方式也都发生了巨大的变化。我们家拥有了宽敞明亮的客厅、卧室和厨房，甚至配备了现代化的家电设备，如电视、冰箱、洗衣机等，家具和家居用品的种类和质量也得到了提升。传统的木质家具逐渐被板式家具或者实木家具所替代，墙壁上也出现了各种装饰画和照片墙。更让我欣喜的是，我们家周围有了大型的商超，令人们有了更方便的交易场所和购买方式；傍晚时分，一家人可以到河边公园散步，走走停停间家庭氛围逐渐升温；对于年轻人而言，步行街、电影院和体育馆等的蓬勃发展更让我们有了打发时间、发展友谊的选择。

这些改变不仅让我们的生活更加便利和舒适，更多的是精神层面的满足和自信。我们曾经在贫困中度过，但现在，通过教育和政策的支持，我们有了更多的机会，更多的选择，让我们的生活更加丰富和多彩。可以想象，对于那些曾经与我一样在缺乏基础设施的环境中成长的孩子们来说，这些变化意味着无尽的可能性和希望。

相比过去的艰苦生活，现在的居住环境已经有了很大的改善。然而，总会有一些方面是可以改进和提升的。

首先，我认为最缺失的是基础设施的完善和覆盖范围的扩大。虽然在过去几年里，政府已经投入了大量资金改善了基础设施，比如道路、自来水、电力等，但在一些偏远地区或者一些贫困地区，仍然存在基础设施不完善的情况，影响了居民的生活质量。

其次，我觉得居住环境中还存在一些安全隐患和环境污染问题。比如，一些地方存在建筑质量不达标、安全隐患较大的问题，这对居民的生命财产安全构成了潜在威胁。同时，一些工业污染、废气排放等环境问题也需要得到更加有效的治理和管理，以保护居民的健康和环境的可持续发展。

社区建设和管理也是居住环境中需要改进的方面之一。良好的社区环境能够促进居民之间的交流和互动，增强社会凝聚力和归属感。因此，需要加强社区设施建设，提升社区管理水平，打造安全、和谐、宜居的社区环境。

再次，交通便利性也是影响居住环境的重要因素。良好的交通网络能够方便居民的出行，促进经济发展和社会交流。因此，需要进一步完善城市交通规划，提升公共交通系统的覆盖范围和服务水平，减少交通拥堵和环境污染。

综上所述，虽然目前的居住环境已经取得了很大的改善，但仍然存在基础设施不完善、安全隐患、环境污染和公共服务不足等问题，需要政府和社会各界进一步努力，加大投入，完善制度，提升管理水平，以进一步改善居民的生活质量和幸福感。

最后，我想说的是，社会生活的变化是中国社会发展的见证，也是我们共同奋斗和努力的成果，让我们深刻感受到时代的进步和社会发展所带来的好处。尤其是看到教育、医疗、基础设施等方面的进步，让人感受到中国社会发展的巨大成就。在我心中，铜仁德江不仅仅是一个地名，更是一个见证了中国人民勤劳、朴实、奋斗的美好家园。

我的校园生活变迁

王长柳

一、20 世纪 80 年代的小学校园

我出生于美丽的宝岛海南岛，从记事起，我和哥哥就已经跟随着爸妈从出生的农村来到了海口市，住在农垦供销公司的大院内。大院内除了有办公楼，还有职工宿舍楼、食堂、仓库、车队、邮局、商店小卖部、篮球排球场等，设施一应俱全。绿化环境也非常好，道路两旁都是椰子树，大院内还有一个公园，种有杨桃、芒果、菠萝蜜、荔枝、龙眼、黄皮等。记忆中，我和我的小伙伴们除了上学写作业之外，最重要的事情就是"谋划"如何躲开后勤管理人员偷偷摘果子吃。

对我来说，大院内最重要的公共服务设施当属我就读的小学了。虽然它是一所市属小学，但大多数供销公司职工的子女都在这所小学就读，相当于公司的子弟小学。这所小学占地约 1 公顷，相比现在，20 世纪 80 年代末的小学是比较简约的，校园一共有五栋建筑，正对校门的是主楼，主楼两侧分别是教学楼，还有教职工宿舍楼和一栋管理用房，布置有小卖部、体育用品库房等，除了主楼和教工宿舍楼，其他的都是一层平房。五栋建筑"U"形排列，围合出一个学生活动操场。操场实际上是一块非硬化空地，没有跑道，正因为如此，我第一次肩膀骨折就发生在体育课折返跑时撞到了迎面跑来的同学。小学校园的设施条件只满足基本的教学需求，没有景观设施，公司大院内的公园和果

园，就成为小学生们的实践课基地。

我从家里出发到达上课的教室，步行不超过 5 分钟，可以说，我在小学校园里生活了 6 年，度过了美好的童年。

二、20 世纪 90 年代的中学校园

我的初中和高中都就读于同一所中学。这所中学占地 10 公顷左右，初中部和高中部集中在一个校区，一共约 2500 名学生。校园里两栋主要教学楼都是 3 层，同一年级的教室在同一层，南楼是初中 3 个年级，北楼是高中 3 个年级。校园里环境优美，既有林荫大道，又有庭院小园。相比小学校园，多了图书馆、标准田径运动场、球场、男女生宿舍楼、学生餐厅、教职工小区等，基本能够满足近 3000 名师生的学习、生活和工作。在我就读的 6 年时间里，学校从公共空间开始着手，不断完善教学设施。我见证了学校田径运动场的更新，整个运动场从东西向改成了标准的南北向，增加了主席台，跑道更加平整，尽管仍然是煤渣和黄土混合材料。校园里还增加了混凝土硬化的篮球场。最遗憾的是，我最常去的足球场仍然没有铺上草坪。在我高中毕业那一年，学校的学生餐厅也进行了装修。

我是走读生，从家到学校，步行时间不超过 15 分钟。中午放学后可以回

海南华侨中学校园景观

海南华侨中学学生宿舍

海南华侨中学运动场

家睡午觉，每天晚饭后还可以骑自行车去学校上晚自习。非寒暑假时间，我每天在学校的时间超过 10 个小时。校园承载了我的中学时光。

三、21 世纪初的大学校园

21 世纪初的 10 年时间里，我在同一所大学完成了我本科到博士的求学之旅。大学校园的设施条件比中学要优越得多，更何况这里是中国农业最高学府。让我印象最深刻的是，我们的校园里有试验田、宠物医院、橄榄球场。从中学到大学，对我来说，最大的挑战是我需要适应集体宿舍生活。本科生阶段我住在 5 号楼，6 人一个宿舍，上下铺；硕士阶段住在 7 号楼，4 人一个宿舍，上下铺；博士阶段住在 3 号楼，2 人一个宿舍，带独立厨卫浴室。人均宿舍使用面积大约从本科生时期的 1.5 平方米增加到博士生时期的 6 平方米左右。在学习环境方面，十年时间里，各个学院都在发展壮大，教学科研硬件设施不断完善。到了研究生阶段，导师给我们安排了独立的"工位"，还有位于神内楼

中国农业大学西校区旧教学楼

中国农业大学西校区学生宿舍楼

的团队工作室可以使用，再也不用去学校的公共教室或者图书馆占座了。回忆起来，每到期末复习阶段，当时的土化楼174灯火通明，一座难求。那十年，校园环境品质提升明显，新建了颐园学生餐厅、学生宿舍楼、网球场、学生浴室、资环楼、生命科学楼、动物医院等。校园周边的环境也不断改善，百望山森林公园增加了登山道，京密引水渠河道得到了整治，马连洼市场也变成了商业综合体，肖家河社区清理了大量的违建群，地铁4号线安河桥北站开通……

北京五环外，圆明园西路2号的变化，是21世纪初首都城市建设十年快速发展的缩影。

四、祖国大西南的高校校园

博士毕业后，我结束了"北漂"生活，来到成都，曾在地方政府的规划管理部门工作过两年，之后，我就来到了目前就职的西南民族大学，至今从教十年有余。这十年，我一直居住在这所高校的教职工小区里，最重要的原因是学校里有附属幼儿园，周边的小学距离也只有10分钟的路程，孩子放学后出了家门就是广场、小花园、运动场等，大学校园安全、友好、优美的环境十分有益于孩子们的成长。尤其是这三年，感受特别明显，校园的疫情防控非常到位，家里的小朋友可以到校园里活动而不必蜗居在家中。有校园的餐厅作为后盾，我们从未抢购过任何食品物资。现在，我偶尔会带小朋友到学校里的图书

西南民族大学武侯校区景观

西南民族大学武侯校区学生宿舍

西南民族大学武侯校区民族博物馆

馆写作业。西南民族大学武侯校区作为主城区里的校园，规划布局基本保持稳定，主要是功能和品质的改善和提升，比如重新设计装修了民族博物馆，教职工小区的居民楼几乎都加装了电梯，两栋市级的文保建筑也开始修缮。

2015 年以后，我的工作场所就开始逐步转到西南民族大学航空港校区，虽然这个校区早在 2003 年已建成使用，但是，近十年的建设速度明显加快。新建了敬文园实验楼、创培中心、工程实训楼、食空记忆学生餐厅、专家楼、留学生楼、室内体育馆、风雨篮球场、幼儿园等。最重要的变化是石榴籽广场

西南民族大学航空港校区景观

西南民族大学航空港校区石榴籽广场

的建成，这个建在下穿隧道盖板段上的景观广场把原来被市政道路分隔开的南北两个校区连在一起，整合成一个校区，极大方便了师生们的学习、工作、生活，作为一位风景园林专业的专任教师，我有幸作为甲方代表之一，参与了这个中心广场的部分景观设计工作。这十年，许多高校都相继开辟了新校区，这些处于非主城区的新校区成为建设重点。

从少年到中年，四十载，我似乎没有真正意义上离开过校园，见证了几个不同城市的校园环境变化。目前，我还没有搬离校园居住的计划，期待着数字化新时代校园人居环境新貌。

人居印象

王光政

　　1963年我出生在山西省晋城市石淙头村王家院。石淙头村，四面环山"龙头山，凤头山，猪头山，鱼头山"，隐蔽性很好，"见山不见村，闻声不见人"，安全性也很好，长河绕村过，就是天然的"护城河"，防土匪，防强盗，易守难攻。和沁河流域的其他古城堡相比较，石淙头村没有高城墙，没有瞭望塔，是纯天然的，和周围的自然环境融为了一体的古村庄。

石淙头村局部

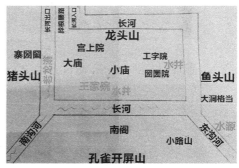

石淙头村地势山水图

　　石淙头村有古老的摩崖石刻"石道穿云"，有雄伟壮观的寨圐圙，有大庙、小庙、南阁等公共建筑和祭祀场所。石淙头村现存明、清建筑十几处，宫上院、西头院、上头院、王家院、工字院、后头院、棋盘院、影壁院、圐圙院等。石淙头村50年前就吃上了不用花钱的自来水，现在家家通电通煤气，土

寨墙窑

四合院

路变成了柏油路。2014年列入第三批中国传统村落名单。现在每天两趟旅游班车。

王家院是清朝建筑，有两百多年的历史，是典型的北方四合院，四大八小，楼上出檐，木制楼口，青石条楼梯在房外，院内西南角大门后有厕所，院内上厕所，掏粪口在院外，大门朝南开，大门通道下有排雨水的"下水道"。

我家住北房，是主房，房前东、西、中分别有三架三级青石条台阶。中间的台阶，两边有护坡。修房用的基础石、门墩石、台阶石、护坡石，上楼用的石楼梯、窗台石、过门石，厕所用的石梁，大门外掏粪口的石头堵，大门外铺地的青石条，都是人工雕琢，平整光滑，横平竖直，棱角分明，天长日久，越用越光滑，越磨越明亮。

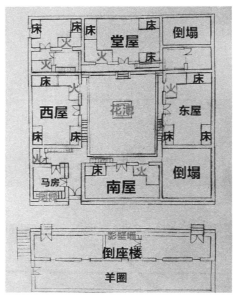

王家院平面图

　　房子建造使用石基砖墙，木架瓦顶。主房三开间，两窗一门，木制方框窗户，用纸糊，每逢过年换一次，上贴窗花，自己剪，石门墩，实木门，门内有门栓，门外有门首，可上锁。房内有拐角炉、床、箱、大柜、小柜、长条几、方桌、椅子等日常用品，一般都是客卧混用。楼上，一般有桌，桌子上放有"天地君亲师"牌位，献老爷用，其余地方，主要是当库房用，粮食储备，闲杂物资等。

　　我家在西北角还有两间房，是楼上楼下分布，楼下有水缸、灶台、橱柜、

王家院西侧

王家院东侧

青石条路

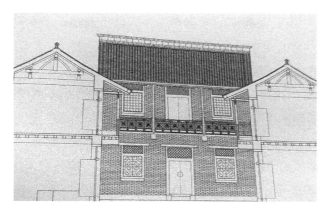

王家院堂屋正面

厨具，还有床，是厨、卧混用，楼上是库房。楼上楼下都是木制的门窗。这种房子的设计，门和窗户都在一面墙上，不会有"穿堂风"，门在门墩上，不会有"扫地风"，深宅大院，防风避寒，冬暖夏凉。王家院住了四户人家，房子的结构，布局和功能基本都是一样的。四家20多口人，住得满满的，互相串门，拉拉家常，互相帮助，非常热闹。

　　取暖、做饭用煤和碳，吃水是引到村里的泉水，灯光用的是煤油灯、电石灯，后来有了电灯。我家有收音机、电视机、自行车、缝纫机。缝纫机是大姐的专用工具，其他人都不会用，全村也只有两台。每年腊月是大姐最忙的时候，村里大人、小孩的过年新衣服，大部分都是大姐完成的，全部是免费的，不收一分钱，还得搭上时间，搭上线，从早忙到晚，那时候大姐很累，很累。

农村平房

　　大概 1990 年前后，院里的人逐渐在外面修上新房，子女们也都长大成人后，逐渐离开了，人走了，院空了，王家院杂草丛生，一片荒凉，直到 2021 年，百年不遇的大雨，房倒屋塌，如今只剩下残垣断壁。

　　1985 年左右，我家在王家院的东面，修了七间平房。中间三间，左右各两间。也是石基砖墙，木架瓦顶，山墙是土坯。室内布置，家具摆放，基本还和老院是一样的，唯一不一样的就是独家独院，互不影响，来去自由。

　　在周村中学读高中的时候，学生宿舍是平房，一圈砖台，为通铺，台边是每个人自带的木头箱子，放东西，挡风，非常简陋。厕所，洗涮间，都在外面，离得很远，很不方便。

　　1981 年，我参加工作，来到树脂厂，单身宿舍是平房，一间三人住，有灶台，自己准备灶具，可以做饭。我不会做饭，第一次试着做玉米面糊糊，做成了满锅玉米面疙瘩。1987 年我结婚后，厂里给了我两孔窑洞，里外间，外间作客厅，里间作卧室，家里有组合柜、双人床、双缸洗衣机、彩电、摩托车、沙发、缝纫机，门口有简单盖的厨房，有自来水，有下水道，又安装了电热水器（用旧铁皮桶改装的），找人焊的铁炉子还带了一组散热器。除了上厕所，不方便，其他都非常好，非常满意。当时在厂里住有诸多好处，住房不交费，吃水、用电、烧煤不花钱，有医院，看病方便，有学校，上学全免费。工

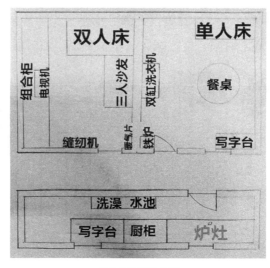

单位分的两孔窑洞

作、住房、生活一切顺利，一切满意，别人羡慕，自得其乐啊。

解放思想，改革开放，一声春雷，惊天动地，随后发生的变化，翻天覆地，始料不及。一切都变了，工作没有了，住房没有了，学校没有了，如何解决？一路顺风的我，晕头转向，摸不着东南西北。不会独立生活，没有一技之长，靠谁？谁帮？无望，几近绝望。

妻子说："进城，买房，打工。"借钱，贷款买出租车，拼命去挣钱，一天工作16个小时，一天只吃一顿饭，不到一年时间，钱没有挣上，却挣了一身的病，命差点也拼进去，体重增加了，血压升高了，到吃饭的时候，不知道肚饥，到睡觉的时候，不知道瞌睡，自我诊断是植物功能紊乱症。旧问题没有解决，新问题又增加了。这段时间我们一家四口人，来投靠我大弟弟，住在他家的楼上，弟弟的房子是自己设计的，我住的房间应该是东房，因空间限制，门窗对开，虽然很亮堂，但是有穿堂风，冬天特别冷，夏天特别热，一到冬天，妻子的脚就被冻肿了，也没有厕所，很不方便。

在弟弟的楼上住了六年，这六年时间，是我生命的黄金期，也是我人生的低谷期。在这六年期间我的思想，生活发生了翻天覆地的变化。父母也先后离开了人世。"父母在，人生尚知来处，父母去，人生只剩归途"。走上归途的我还是无着无落，"一无所有""一事无成"。紧急刹车，改变思想路线，

2005 年我的住房

2018 年我的住房

先留命，后挣钱吧。而这六年的时间房子的价格翻了一倍多，从几百元涨到了一千多。

安居才能乐业。2005 年，卖了出租车，借钱，贷款，我们住进了新房子。

买房子的时候要求很低，只要便宜就好，装修的时候，要求不高，简单、大方、经济、适用，八字方针，省钱就好。房子不大，两室一厅，98.7 平方米，六楼，地暖。还有一个 17 平方米的地下室，地下室有窗户，当时我就想，老了以后就住地下室吧，可是地下室没有厕所，没有水，放东西可以，住人还是不行的。

又过了几年，姑娘出嫁了，儿子长大了，我们也老了，儿子结了婚，我们去哪住？就想着，买一个有电梯的小房子住，这一辈子，也就满足了。2018 年，梦想实现了。

从大杂院到独家独院，从一房两代人住到一房住一代人，从低层楼房到电梯楼房。

高楼大厦，电梯上下，

柏油马路，四通八达，

一元公交，方便实惠，

文明城市，美丽家园，
精米细面，大鱼大肉，
收入稳定，衣食无忧。
时代进步，社会发展，
欣欣向荣，繁荣昌盛。
感恩祖国，感恩社会。
喜逢盛世，国泰民安。

见证人居环境提升的时代浪潮

吴向阳

一、农村时光

在豫南有一个不起眼的小村庄，它静静地躺在历史的长河中，见证着一代又一代人的成长与变迁。1971 年的金秋，我便降生在这片朴实无华非常贫瘠的土地上，开始了与泥土为伴、与自然共生的童年时光。

那时我们的村庄，人多地少，七山一地二分田，生产力低下，土地承载力严重不足。我的家，是一座用黄土夯筑而成的老屋，墙体厚实，木格窗户，没有玻璃，用化肥袋糊住防风防雨。屋顶为青瓦覆盖，长年烟熏火燎而漆黑的檩条和椽子在屋内抬头可见。这是那个年代最常见的住宅形式，冬不暖夏不凉，经年累月，风吹雨打，留下了岁月的痕迹。

每当夜幕降临，没有电灯的夜晚显得格外宁静，只有煤油灯那微弱而温暖的光芒，摇曳在昏黄的记忆里，照亮了伏案写作业的我和纳鞋底的妈妈。煤油灯，虽然光很弱，我却也没有近视，时常需要挑灯芯。那光，却也温暖人心，也照亮了我对知识的渴望和对外面世界的好奇。

厨房是家里最温暖的地方，一口硕大的柴火土灶上有两口大铁锅，占据了厨房的 C 位。每天清晨，当鸡叫第三遍（大约早晨 5 点），母亲便开始了一天的忙碌。她熟练地添柴烧火，柴火的浓烟很快弥漫了整个厨房，灶台早已被熏黑，大铁锅底更需要三五天刮一次锅底灰，以增加热量传导。炊烟袅袅升起，与晨雾交织在一起，那就是现代画家、摄影师眼中的乡情乡土。在我眼中，家的味道，是大铁锅里蒸出来的糙米饭，多数时候是稀饭，以及偶尔的黑黑的窝头。现在回忆起来，那是一种难以言喻的甘甜与饱腹，是任何现代厨房里的电器所无法复制的美味。但当时，其实是难以下咽的，除非非常饿的时候。但是，不论怎么说，父母靠辛勤的双手用粗茶淡饭把我养大成人，是极不容易的。那段岁月是值得回味的。

20 世纪 50 年代建设的土坯房

居住和生活条件虽然简陋，但那份与大自然亲密无间的接触，却是现在高楼林立的城市生活中难以寻觅的。夏天，夜空如洗，星辰璀璨，我们常常躺在院中的凉席上，数着星星，听着虫鸣，伴着蒲扇也赶不走的蚊子入睡。白天，炎阳如炽，手拿镰刀，挥汗如雨，上山砍柴，每一刀皆是对生活热忱的镌刻。途经碧绿的菜畦，顺手撷取一根黄瓜，以衣袖轻拭，那清脆爽口，是大自然最质朴的滋味，瞬间润泽心田。经常午后在野池塘嬉戏游泳，尽享水的柔情与自由的欢畅。到了冬天，寒风凛冽，房屋保暖性差，只能穿上厚厚的棉衣棉裤，坐在前热后冷的火炉旁，烧一个红薯，烤一块糍粑。家人围坐在炉火旁，或编织，或修补，或闲话家常，那份温馨和乐，让严冬也变得不再那么难熬。

岁月悠悠，随着改革开放的春风拂过，家乡也悄然发生了变化。20 世纪

90年代中期，我参加工作了，兄弟们收入也增加了，有能力改善居住条件，把老房拆了，翻盖成二层的楼房，成为全村第一个"两层楼"。居住生活条件大幅改善，房间多了，宽敞了，建筑质量大幅提升，不怕风不怕雨。电灯替代了煤油灯，自打压井代替了挑水，再后来自来水代替了压井，但是柴火土灶一

20世纪90年代建设的第一个"两层楼"

柴火土灶

自打压井

2018 年，在老家的火炉旁，停电了，手机照明阅读

直保留到现在。随着城市化的进行，留在老家的人越来越少，兄弟们及下一代都去城市生活，只剩下沧桑的父母守着沧桑的家，守着一份对子女回家的期盼。农村老房再也没有翻新，现在已经陈旧了。

那段居住条件艰苦的岁月，教会了我勤劳与坚韧，让我学会了珍惜与感恩。它如同一坛陈年老酒，越品越有味，提醒着我，无论走到哪里，都不应忘记来时的路，不忘初心，方得始终。在那个物资匮乏的年代，我们拥有更多的是精神上的富足和人与人之间淳朴的情感纽带，这些，都是现代社会无法替代的宝贵财富。

二、小城市时光

在那个激荡变革的 20 世纪 90 年代，我有幸成了命运的宠儿，通过不懈地努力与坚持，跨越了千军万马的独木桥，考入信阳师范学院，能上大学是我人生旅程中一个重要的转折点。大学住的是学生宿舍，8 人一间，面积约为 15 平方米，4 张上下铺床，非常拥挤但还算融洽和谐。教室宽敞明亮，校园非常漂亮。在大学第一年还使用"粮票"，看到的城市的高楼大厦，眼眸中闪烁着既惊奇又憧憬的光芒，让人感到既渺小又充满了无限可能。这壮观的钢铁森林，在心中种下了对广阔世界的无限向往和探索的种子。

毕业后，凭借着优异的成绩和对教育事业的热爱，我幸运地留校任教，成了一名传道受业解惑的教师。学校分配给我的宿舍，是一栋七层高的旧式宿舍楼中的一间，显得有些破旧而狭窄。最初是两人一间，公共卫生间，没有厨房，大家都在走廊里做饭。一到做饭时间，走廊里烟雾缭绕，各种食物味道混合，辣椒呛得咳嗽声不断。大家边做饭边聊天，生活的烟火气十足。公共卫生间是出了名的脏乱差，上厕所是一种痛苦的煎熬。这个时期的人居环境感觉还不如农村，尽管有自来水和电，但人均面积不足，公共空间小，几乎没有私密空间的感觉非常糟糕。

结婚后分了一套小的一居室，有了独立的卫生间和厨房，尽管面积不大，人居环境改善的程度大大提高，有了自己私密空间，卫生间不臭了，厨房做饭

"筒子楼"的公共走廊

也不吵了。至此，与小时代的农村生活相比，人居环境才算真正提升了一个档次，不再为生活而奔波，这里有了自来水、电灯、电话、电视、空调等现代设施一应俱全，这些现代化设施的便利，让我深切感受到了时代的进步和生活的改善。不必再像儿时那样，为了一桶清澈的水而奔波于井边，也不必在夜晚借助微弱的烛光苦读。然而，这栋没有电梯的宿舍楼，每天的上下楼梯依然辛苦，尽管也锻炼了身体。

三、大都市时光

2007 年的初秋，我怀揣着对知识的渴望与未来的憧憬，踏入了北京这座古老而又现代的都市，成了一名在知名学府深造的博士研究生。北京，这个国家的心脏，以其独有的历史底蕴和现代气息，迎接了我这个来自信阳的学子。与信阳相比，北京的住房无论是在建筑风格还是内部装饰上，都显得更为精致与高级，但与此同时也伴随着高昂的价格，如同这座城市繁华背后的无声宣言，既是对奋斗者的激励，也是对生活成本的现实考量。

博士生涯结束后，我选择留在了北京，这个梦想与挑战并存的地方。然而，高昂的房价如同一座难以逾越的大山，使我不得不选择租房作为过渡。起初，租住的老式小区，破旧而狭小，家具陈旧，空间利用捉襟见肘，总有一种寄人篱下的局促感。频繁的搬家，每一次都像是对身心的一次洗礼。居无定所的日子，曾经让我觉得留在北京是个错误的选择。那时，我的居住条件甚至在某些方面还不如信阳时安逸。但我知道，这一切只是暂时的，是为了追求更高远的目标而必须经历的阶段。

时光荏苒，转眼来到了 2012 年，经过数年的不懈努力，我终于实现了心中的一个小目标——拥有了属于自己的房子。这不再是一间租来的"临时住所"，而是真真切切属于我的家。在一个新小区买了一套高层电梯房。小区环境优美，花草树木、小公园、健身设施、停车设施、生活服务设施等都很齐全，人居环境大大提高，生活幸福指数上升了一个台阶。我倾注心血进行装修，每一个角落都透露着精心设计的痕迹，智能家居的引入，使生活更加智能化，各种现代化电器的配备，让日常生活变得轻松愉快。尽管房屋面积并不奢侈，但布局的合理性和设备的现代性，让这个小天地充满了温馨与幸福。

小区广场的健身设施

公共绿地小花园

　　站在宽敞明亮的客厅，望着窗外车水马龙的城市景象，心中涌动着无限感慨。这一路走来，见证了个人奋斗的历程，也目睹了时代赋予的居住环境的巨大变迁。记得刚到北京时，面对昂贵的房价，心中曾有过迷茫与不安。但正是这些挑战，激发了我不断向前的动力，让我更加珍惜每一次提升自我、改善生活的机会。

　　时代在进步，生活在改善，每一次居住环境的变化，都是我们与时代共舞的证明，是奋斗与坚持的成果。居住条件的变迁，是个人故事的缩影，也是时代发展的印记。它记录着我们的成长，映射出社会的前行，我们既是见证者，也是创造者，激励着我们继续追梦，向着更加美好的明天迈进。

不变的"家乡宝"情结

杨月关

乡村生活

我的老家三岔河镇杨家坝村位于云南省陆良坝子，农业条件好，天气干爽。我母亲有六个孩子，三个男孩三个女孩，我是第五个。全国土地改革之前，我爷爷、老祖（爷爷的父亲等长辈）他们原本在杨家坝村里有一套两层的木结构四合院。土地改革时期由于被划定为地主身份，爷爷、老祖所有的财产和土地都被土改队征收了，四合院也被收走分给了其他农户，于是家里只能在四合院背后盖了一栋土坯房。小时候我和父母还有兄弟姐妹一家八口人就住在这间小小的土坯房里，非常拥挤。房子整体是木结构的，墙体用的是土基墙。土坯房有两层，上面一层住人，下面一层养猪。我在这里住到七岁上小学左右。大集体时期，农民要去生产队里劳动挣工分，到了年底才能分到粮食。我母亲一大早吃完早饭就去干活，干满一天活才能得到八个工分，回家还要带一大窝孩子，日子十分艰苦。

土地改革结束之后，我们家花钱从四合院买了两间房子回来，楼上和楼下都可以住人，猪还养在之前的土坯房里。这时候一家八口人住就稍微宽裕一点，年纪大点的哥哥姐姐读书、嫁人后就不在这里住了。屋子里没有什么厨房的概念，厨房和客厅是在一起的。

那时候还没有实行计划生育，四合院里的其他家庭每家都有四五个、七八

倒塌的老土坯房
（拍摄于 2024 年）

年久失修的四合院
（拍摄于 2024 年）

个小孩。回想起来，虽然生活条件很艰苦，但是这是幸福指数最高的一段时光，一点生活压力都没有，每天吃完饭就和四合院里的小伙伴们出去玩，院子里吵吵闹闹的。现在她们也都到做爷爷奶奶、外公外婆的年纪了，大部分都搬到陆良县城给儿女带孙子孙女去了。我从上小学到结婚之前都住在这里。直到 1996 年，大女儿出生后，我就跟着丈夫去昆明生活了。孩子寒暑假的时候，我会带她们回老家新盖的房子住一段时间。

1997 年，由于家里人口多，四合院的两间房还是不够住，我父母家的人均住房面积不足别人家的十分之一，于是我父亲到三岔河镇里的土管所申请，按人口数量在杨家坝村分到了一块宅基地，才有位置盖新房子。家里盖了一栋一层的砖瓦自建房，楼顶可以晾晒东西，还有一个蓄水池。盖房子花的钱不多，大概就几万块钱，那时候工钱很便宜，工人干一天活才五块钱，找的是门前屋后的工匠。村里的工匠盖房子都不用画设计图，只要告诉他们家里宅基地的面积和打算盖几间房，他们就会根据经验算好盖出来。

这栋房子有四个大房间、四个小房间和两个厅堂，室内层高很高，大约有 4.5 米，有一个楼梯间可以上到楼顶晒东西。整个院落大约有 1200 平方米，房前屋后原本是一片面积很大的菜地，种了很多水果和蔬菜，一年四季随时都能吃上新鲜蔬果。我二哥爱吃水果，总喜欢找些水果苗来栽，院子有一棵很大的

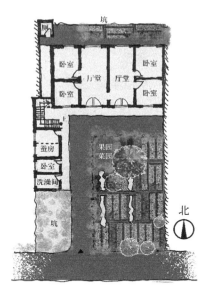

硬化前院落格局示意

硬化后的老家的院子

（拍摄于 2024 年）

厅堂室内、室外

（拍摄于 2024 年）

苹果树，花红、桃子、石榴、柚子、百香果、葡萄之类的也都种过。为了给蔬菜浇水方便，菜地里还挖了一条小沟。最近几年我妈年纪大打理不动了，就铺成了水泥路面，只剩一点点小菜园。那时候每家每户的院子外都没有围墙，只

我母亲和我大女儿在菜园

（拍摄于 2000 年）

用桑条篱笆围起院子，家里的活动一眼就能看到，每户之间会建隔墙。后来不知道什么原因，每家都修建起来高高的围墙和大门。

我父母和二哥一家长期生活在这里，从事农业，有几年二哥、二嫂还在西侧的屋子和他们的厅堂里搭架子养蚕。家里的水田承包出去了，给农业公司统一进行大棚种植，只留了一点旱地自己种粮食、种菜，我妈年纪大之后，就给

远眺陆良坝子一角

（拍摄于 2020 年）

二姐夫妇打理。每年过年的时候，一大家子都会带着子女回到老家聚一聚。

城市生活

1996 年大女儿出生后，我们一家来到昆明生活，在昆明生活了 18 年。期间住过三套房子，都在官渡区关上片区。我丈夫在中铁十六局工作，他的单位在附近买了一块地建了一个职工小区，把房子按职工价分给各家各户。买房的钱单位出一半钱，我们自己出一半钱，于是我们在昆明有了一套两室一厅的房子，当时售价是 1700 元 / 平方米。我们在这里住了大约四年，后来因为我丈夫做工程亏钱，只能把这套房子低价卖了出去，此后我们一家一直都是租房子住。

我们在附近的烟草学校家属小区租到了一套三室两厅，我和我丈夫住一间，两个女儿住一间屋，睡的上下层的公主床，我弟弟有时候过来住一间。由于是烟草学校配套的小区，所以整个大院里的设施比较齐全，公共活动空间也很充足，有两组面积很大的网球场、篮球场和一个景观花园。院子里有很多和我女儿们年纪相仿的小朋友，他们都在一起追跑打闹着玩，我们大人就在周围的亭子里聊天。我们在这个小区里生活了很长时间，伴随了两个女儿大部分的成长时光。

2014 年，大女儿去北京上大学、二女儿到曲靖读高中之后，我们一家搬到了曲靖市生活，在二女儿高中附近租了一套两室一厅，租金是 1200 元 / 月。虽然是老小区，但是在这里生活很便利，周边不远就有菜市场、商场和公园，离我上班的服装店也比较近。再远一点，周末可以去寥廓山晨练和爬山。唯一不太好的一点是周边小区的高楼会挡住阳光，冬天室内能照到太阳的时间比较短。后来因为老小区要拆迁，我们只得换了一套房子。城市里的生活大同小异，生活节奏比较快。要说昆明和曲靖的区别，曲靖周边农村多，相对来说生活成本会低一些，环境也好。我选择几个在昆明生活期间印象比较深刻的生活片段展开讲。

防盗笼在当时昆明的老小区里非常普遍，基本家家户户都装。它是加装在窗户外面的铁或铝合金材料的笼子，通常装在沿街或者朝阳的一面，用来防止小偷进入，也可以用来晒衣服、晒腊肉、种花。虽然防盗笼确实有点影响市容

防盗笼

市貌，也存在往下掉东西的安全隐患，但在当时监控不足的条件下，确实有它存在的必要性。我家住四楼的时候没有装防盗笼，有一次早上醒来发现家里被翻得有点乱，钱包里的钱也没了，百思不得其解。后来在阳台窗台的白墙上赫然发现了一个黑手掌，才猜测夜里有小偷从四楼的阳台摸进家里了，一阵后

充满生活气的"关街"

（图片来源：春城头条、昆明信息港彩龙社区）

怕，至今也不知道他是怎么爬到四楼的。后来我们搬到了有防盗笼的五层，再也没进过小偷。

我在昆明生活的时候，家附近有一个比较著名的乡街（gai）子，叫"关街（gai）"，赶集时间是每周六早上 6 点到下午 7 点左右。"关街"所在的片区属于昆明市城镇化阶段的夹缝地带，城区里还有一部分的有土地的农村居民。每到周六，周边商贩就利用空地、乡村道路，搭起各式帐篷，自发组织形成非常活跃的集贸市场。市场里不仅有农副产品，还有日用百货、农具建材、吃喝玩乐、花鸟鱼虫、珍宝文玩，以及卖草药拔牙、露天理发的小摊，非常热闹，每次去都像过年一样。

有一段时间我家每周六都去赶"关街"，不是特意为了买什么东西，只图凑个热闹，顺便吃点炸洋芋，每次都会拎回一大堆新鲜水果或者土产满载而归。这期间，老"关街"由于人员密集、秩序混乱以及城中村改造的需要，集中整治关停过一段时间，但是周边农户的产品总得有去处，一段时间之后又形成了规模稍有减小的"关街"，为周边居民提供便利和周末的好去处。

除了观看集市里讨价还价的艺术，近距离欣赏飞机起降也是一项乐趣。"关街"紧邻当时还在使用的巫家坝机场，赶集的时候时不时就能看到飞机起降，耳边也是巨大的嗡鸣。现在翻看网络上的老照片，有种奇幻的感觉。但是这样

"关街"上空飞过的飞机

（图片来源：时间里的巫家坝——云锦东方第二届摄影展，作者：阮卫明、刘建明）

送别巫家坝

（图片来源：时间里的巫家坝——云锦东方第二届摄影展，作者：刘明，刘建华）

的景象早已成为历史，巫家坝机场在 2012 年就停止使用了，大家熟悉的长水机场也闪亮登场。我们离开昆明后得知，2017 年 9 月底，"关街"也永久关闭。整个巫家坝片区、关上片区，规划定位为区域性辐射中心，将有大量的建设和开发，建成商务楼和大型居住区。在这样一个城乡接合、快速城镇化的片区，跟不上城市发展的轨道，"关街"的热闹只能停留在历史里了。

外出生活

2021 年，两个女儿都到北方工作后，我的任务也基本结束了，加上家里有一些变故，我也打算出去闯一闯。经亲戚的介绍，我去了宁波市余姚市黄家埠镇的工厂打工，租住在附近农村的农房里。黄家埠镇的村子里有很多陆良老乡，都是听说宁波这边工厂多、工资高，一个带一个出来打工的。

我在宁波的居住条件很简陋，租的屋子是一间低矮的小瓦房，大约只有10 平方米，租金是 300 元 / 月。屋里灯光昏暗，有一个用砖砌起来的灶台可以用来做点饭，床和灶台之间只能拉一个帘子分隔开，院子里有一个共用的卫生间。对我来说去宁波只是为了打工赚钱，没有太多考虑生活和居住条件。宁波的气候和云南的四季如春可没法比，天气冷还总是下雨，雨季还很长，出门也不方便。夏天最热的时候又很热，会超过四十度。每天在工厂上班的时间很长，基本没有自己的时间，唯一的一点乐趣就是休息日的时候可以跟着老乡们一起去山上挖荠菜、挖竹笋。

2023 年，二女儿在北京生了孩子，我去帮她带了半年多。她家租了一套两室一厅带院子的房子，我就住在她家里。大女儿也在北京租房，周末不上班就跑过来找我们玩，晚上一起住。我不太适应北京的气候，4 月份我来北京的第一天晚上就遇上了沙尘天气，以前从来没见过，下了高铁就感觉眼前雾蒙蒙的。到了冬天，路边的植物都枯萎了，室外一点绿色植物都看不见，我看了都觉得心情压抑。我以前每天散步，在室外活动习惯了，冬天带孩子只能待在室内也很不适应。

老家变化

2024 年春节，我回了一趟老家，感觉家乡的变化还挺大的，变化最大的是村里的环境。以前院门前是土路，最近两三年，院门前修起了水泥路和路灯，通车条件比之前好了很多。每天都有人开着电三轮或者面包车来村子里卖东西，什么东西都有，只要喊一声，老人就可以在家门口买东西，根本不用再跑去乡镇里买。村里也有共享电动车，还能打到出租车了，去镇里比以前方便多了。附近的三岔河镇清河社区还修成了网红打卡点，村里把过去的老古董挂在墙上，到处挂些鲜花装饰，周边的居民都喜欢去那边逛，整个乡村环境都好了不少。

农村大部分家庭都只剩老人住在村里，我们家也是。二哥和二嫂的孩子长

杨家坝村道路

清河社区乡村振兴示范村

（图片来源：中国农业大学国家乡村振兴研究院公众号）

大出去读书，他们夫妻也到外地打工去了，所以老家的院子平常只有我母亲还住在这里，我弟弟担心她年纪大没人照看，在院子里装了一个摄像头，如果出意外附近的亲戚可以照应到。

居住感想

这些年来我住的一直是租的房子，所以也没什么心思装修和布置。在昆明的时候我还绣过好几幅面积很大的十字绣装饰，想象以后挂在属于自己的家里的样子，从来没有挂出来过。随着几次搬家压箱底，更是没有这个心思了。到了五十岁这个年纪，我还是想拥有一套属于自己的房子，以后养老总得有个固定的住处。如果要选之后长期定居的地方，我还是更喜欢待在曲靖市里。考虑到现实问题，在昆明买房压力有点大，而且我在曲靖也待了很长时间，对周边的环境也熟悉，周末骑着电动车就可以去爬山，7月份之后还可以去山上挖野生菌。曲靖的冬天也不那么冷，还能去公园里散步。如果女儿以后回到昆明，两个城市间有城际列车，也就一个多小时就能到，半个月、一个月见一次就挺好的。

  *备注："家乡宝"是云南地方方言，指云南人热爱家乡，走到哪里都觉得家乡最美；即使走出家乡，最终还是会想方设法回到家乡。

居所

翟佳慧

      对于长期漂泊的现代人而言，居所是人生的栖息地，它们为漂泊的生活提供了休憩的可能。长居在一地的生活对于在大城市谋生的年轻人而言很难，保留的记忆更是短暂，但是对于刚刚走出家乡的我来说，还保留着很多家乡的长居记忆。现在的我 20 岁，20 年来，长居的家乡发生了很大的变化。城镇化的进程势不可挡，乡村虽然也有了很大的发展，但是更多的房子还是变成了一座

村中贴有 "此房无人居住" 的空房

（摄于 2024.5.5）

村中无人居住的泥砖老房子

（摄于 2024.5.5）

座空壳，再无人烟。

2004年夏天，我出生在河南省濮阳市华龙区岳村镇寨里村，到今年已20年过去，日日生活在其中，感觉村子好像也没什么太大的变化，但是当真正循着记忆认真回想，才恍然发现村子的巨变。

我们的村子在市区边缘，整个村子的发展在全区范围内的村子里算是中等水平。这么多年来，村子的房子类型和外观没有很大的变化，都是很高很厚的砖房。村子里甚至偶有支柱是灰砖，墙壁是泥砖的老房子，但是这样的老房子几乎都已经无人居住。

20年来，我们家一直都是老样子，两间尖顶堂屋，两间平顶西屋，西屋楼梯下面是洗澡间，院子东边有两个小棚屋、一间厕所。我们家的院子很大，奶奶会在不同的季节在院子里划好的一块块土地上种葱、蒜苗、生菜、丝瓜、黄瓜、辣椒、山洋姜……随吃随摘。不止菜地，我们家还种着香椿树、榆树、核桃树、柿子树……洒落阴凉的同时，在不同季节里还能有些小小的收获。我小时候，家里东边的棚屋里还养过小鸡，毛茸茸的黄色小鸡一点点长大，变成褐色羽毛的母鸡或鸡冠火红、尾羽艳丽的公鸡，鸡鸣声响彻院子，给整个院子都添上了蓬勃生机。

家乡院落
（左：摄于2023.2.5；右：摄于2024.5.5）

小时候，每当夏收小麦、秋收玉米时，都是我一年中难得的快乐时光。夏天，黄褐色的麦粒被成车运回家，隔着油纸布在院子里铺成厚厚一层，爷爷总是光脚上去来回趟路，将麦粒均匀散开晾干。作为小孩子的我也有样学样，但我总是趟得又快又急，将好多麦粒都踢出了油纸布，引来爷爷的大声制止，最后还是爷爷将那些麦粒一粒一粒捡回到油纸布上。秋天，爸爸开着拖拉机从地里运回玉米，在院子里堆成小山。我跟弟弟总喜欢爬到玉米山顶，坐在玉米山上看着家人农忙。等我们玩够了，就帮奶奶和妈妈剥玉米皮，但是总是用不了一会儿就被玉米里面的小白肉虫吸引，开始玩起了虫子。农忙时候，不仅家里有收获的氛围，整个街上都铺着各家收回的小麦或玉米，村里洋溢着忙碌的气息和丰收的喜悦。

村子给我的童年留下了很多美好的回忆，让我感受了现在再难感受的农忙时光。现在，村子里种地的人家基本上都把地包了出去，每年不用再辛苦的农忙，还能得到一些租金，但是丰收的氛围也从村子里消失了，现在村里的小孩子大概再也不会体会到我童年时的快乐了。

村子的整体外观发生巨大变化是在我上小学时修好水泥路之后。修水泥路之前，村子里面全是土路，一到下雨，街上总是泥泞难行，等到水泥路铺好后，村子的环境有了明显提升。村委会也将村子的很多基础设施重建，整个村子算是真的改头换面。

村庄街道

（均摄于 2024.5.5）

我们村子有一个庙，叫墩台庙，里面供奉着墩台爷。每年春节、十五这些重要日子，家家户户都会去给墩台爷上香磕头，保佑家人平安顺遂。我很小的时候，墩台庙是一个很小很小的砖房，里面只有一个画像和一个陈旧的木桌，桌上摆着香篓，大概只能同时站三四个人上香祈福。上小学时，村委会向村民

墩台庙

（摄于 2024.5.5）

募捐，筹钱将墩台庙建成了一个小有规模的正经庙宇，兼具记录村寨历史的宗祠功能。新的墩台庙红墙灰瓦，里面有一座很大的墩台爷塑像，四周墙壁上画着上古神话中女娲、伏羲等诸神形象。寺庙周围立着石碑，上面刻着最早迁到村中的祖先、我们村子的历史和历代族谱。我一直认为，墩台庙是我们整个村子的根，代表着我们村子的文化核心，所有村子里同姓的人来到这里都会清晰地感知到我们是一家人，我们有着共同的祖先、血脉和历史。

近几年来，村子陆续通上了自来水、天然气，还推行了厕所改革，安装了太阳能板，街上也建了很多活动器材，整个村子的基础设施越来越好。村子旁边的超市、驿站越建越多，村民的生活越来越便捷，但是实际上，村子里的人也越来越少，尤其是中青少年，只留下一些老人在村里生活。村中剩余的中青年人也大多不在村子内的老屋生活，而在村子南边新开发的楼房里买房安家。

2022 年，濮阳东站投入运营。高铁站建设之前，便有很多开发商开始在市区周围进行开发。我们村子往西的很多村子（离市区更近）的土地都被征用，村里的人分到了楼房，这些开发后建设的楼房对村里人产生了很大的吸引力，或许是为了让孩子享受更好的教育资源，或许是现代城镇化背景下的必然，很多村民都在新开发的楼房里定下了未来居所，在交通便利、发展前景更好的城市新区换一个栖居之所。

从上高中离家居住开始，我一步步地离家越来越远，有过越来越多的暂居

"寨里新村"楼房开发建设

（摄于 2024.5.5）

之所。在漂泊之中，我越来越清晰地感知到我不喜欢居无定所，我想有一个属于自己的居所，无须太大，只要能够让我的身体和灵魂得到短暂的休憩即可，但是这个愿望在现实之中是那么难以实现。城市高昂的房价会让我在压力之下生活半生，长居的乡村不会给我带来良好的发展，在城市之中居无定所、在乡村中无所适从是我的困境。

城市彰显着我们的发展，乡村凝结着我们的文化，如果能够平衡二者的优势，让乡村有更多的发展机遇，让青年更多地回到故土，无疑会有利于我们国家的乡村振兴、青年发展和文化传承。希望这一天能随着国家现代化的脚步，在不久的将来变成现实！

濮阳东站

（摄于 2024.2.2）

濮阳东站周围楼房

（摄于 2024.2.2）

从"蜗居"到"宜居"

张 婷

在杜甫的《茅屋为秋风所破歌》中，一句"安得广厦千万间，大庇天下寒士俱欢颜"道出了千百年来人民安居乐业的梦想。春去秋来，花开花落；东流逝水，叶落纷纷。75年来从草屋，小土房，到高楼大厦，现代化小区；从只能遮风挡雨到如今环境优美，舒适宜居。祖国的发展日新月异，岁月匆匆弹指间，早已不是昔年光景。

从土房到砖瓦房

我出生在20世纪80年代的一个小乡村，父母都是朴实无华的农民，农村是我幼时生活的主场。一个不算大的院子，几间搭起来的土房子就是我的家。

新盖的砖瓦房

空旷的院子

推开小院的栅栏，映入眼帘的便是分隔开的一方空地上父母圈养的家禽，然后便是三间土房子，泥巴茅草糊起的墙壁饱经岁月的风霜，已经隐隐有些裂纹。木头制成的窗框上糊着报纸，两三扇窗框上装着捡来借以透光照明的玻璃。推门而入，一间厨房把客厅分成两间房屋，房内便是一方土炕，上面铺席，下面有孔道，跟烟囱相通，可以烧火取暖。土炕上铺着极大的竹席，放着几摞被褥，这便是我的家。可能现在听起来破败不已，但确是我幼时的避风港。

1994 年，我搬家了，从原来的土房搬进砖瓦房。砖块水泥搭建的大门围墙，安全感十足，推开朱红色的大铁门，空旷的院子，左后侧是四间小屋子，一间用来存放农用器具，一间用来饲养家禽，一间则是堆放柴火。左前侧的空地上，种着一棵小杏树，树干交错攀枝着，周围的空地上是一个小菜园，平日里可以种些蔬菜。再往前便是砖瓦砌的房屋，明媚耀眼的玻璃窗户，五间宽敞明亮的房间，水泥砌的炕，齐全的家具，在当时可谓是美轮美奂。

那时候的电话大多是座机，电视机也并未很普及，只有几家才会有老式电视机，那时候，在放学之后约上几个小伙伴，一起围着一台电视，看着西游记，虽然是黑白的，但也十分快乐。

从打工到成家

1999 年，年仅 17 岁的我外出打工，第一次离开乡村来到城市，才看到乡村外面的世界，我从未想过，原来外面的世界是如此精彩。宽阔的柏油马路上，行驶着来来往往的小汽车、自行车，道路两侧的店铺、楼房也是错落有致，我被这座城市迷住了……

那时我在一家酒店上班，住的是普普通通的员工宿舍，粗糙的水泥地，上下铺的架子床，六个人住在一间房子里，略显拥挤，走廊的尽头便是卫生间，在这里，我第一次用上了自来水，不得不承认，生活条件比在农村提高了不少，我在这里上班一住就是两三年。

后来，我成家了，居住的环境也从宿舍变为了出租屋，那是一个向北的二楼小院子，住着上下两户人家。两室没有厅，一张大床，一个柜子便是一间房，可谓是家徒四壁，但生活依旧很充实。厨房在最里面，还有一个隔开的储物阁，但卫生间在楼下的一个角落，两家共用。因为地处偏僻，交通不是很方便，所以渐渐地在孩子上了小学之后，我们便又搬家了。

这套房子，刷新了我对过往房子的认知。粗糙的水泥地被大理石地板所代替，掉皮的粉刷墙被壁纸所代替，空旷的客厅整洁的沙发。生活条件变得更好了，自来水、天然气、地暖、独立卫浴等，夏天有凉爽的风扇，吃着从冰箱里拿出来的冰西瓜，冬天盖着舒适温暖的棉花被，洗衣服也用上了洗衣机，不必寒冬腊月浸泡在冷水中洗衣服，居住体验大大提升。

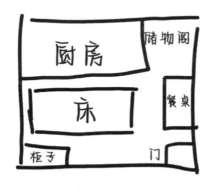

出租屋平面草图

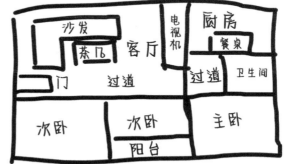

搬家后现代化小区居住屋平面草图

来到新疆的生活

2016 年，在孩子读初中那年，因为工作原因，我们举家迁移，搬到了新疆，在此定居。我原以为西部远不如中部繁华，地广人稀多半是荒芜，却不想竟是如此风景如画，人杰地灵。一望无际的原野，金黄金黄的向日葵，还有帕米尔高原盘龙古道，犹如巨龙腾跃山巅。遥想一千多年前的古丝绸之路，商队从此处经过，骆驼载着丝绸和茶叶，沿着这条古道运送到西亚和欧洲等地，路途是多么漫长，多么艰辛。

金黄的向日葵

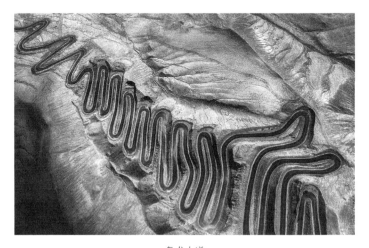

盘龙古道

（图片来源：百度）

温馨的家   车位紧张的小区

　　在来新疆的第二年，我们买下了第一套属于自己的房子，由钢筋混凝土浇筑的房子结实安全，亲自装修后显得格外温馨。智能家电是现代化的产物，用着极其便捷舒适。小区的环境十分优美，在小区内还有一个幼儿园，而且是学区房，附近学校云集，为家里有孩子的家庭提供了极大的便利。

　　从当初的"蜗居"到现在的"宜居"，我的生活发生了极大的转变，但仍然还有不足的地方。例如，如今几乎家家户户都有车，但小区内并未设有地下停车场，以至于车位紧张，经常停车困难，有时候甚至没有地方停车。

　　在我人生的40年里，从乡村到城市，再到现代化大都市；从土屋到砖瓦房，再到如今的高楼大厦；从木质家具到电器家具，再到智能化家具，这些翻天覆地的变化是国家变化的缩影。居住环境的舒适性，反映着城市的精神面貌，也反映着国家的发展，祖国越来越繁荣昌盛，人民的生活也越来越美好。

路路含情

周宸浩

　　常听老一辈说起，以前从我们村进简阳市县城得要花一天时间。那时候车子少，钱也少，村里人若真要进县城，只能是靠着两脚步行；那时公路没修，也不是家家户户都有雨靴，若是遇到下雨天，便是一路水洼泥坑，一脚下去，要么泥浆飞溅，要么脚拔不出来，索性就光着脚，被划伤了也认。每每听到这些，我就体会到当时是多么的不容易，毕竟在我前 20 年的人生中，我见证了我们家乡道路的变迁，从泥巴路、公路再到沥青路。

情忆泥巴路

　　那是我记事以来第一次看清我的爸爸妈妈，那年我三岁。接过电话后，得知爸爸妈妈快要到了，我便一溜烟地跑了出去，沿着他们回家的必经之路，一路飞奔。泥巴小路，到处都是小土堆，坑坑洼洼的，跑得太快，我摔了，又爬起来。在见到爸爸妈妈的那一刻，终于是大哭了起来。谁家父母过年回家，谁家孩子都是一个样，至少我们村的男孩子会沿着泥巴路跑去接，女孩子也会站在路上等，直到望见身影，再跑上去。

　　上幼儿园那两三年，我很调皮，父母在广州打工，都是奶奶送我去上学的。从我家门口到公社，整条都是泥巴路，若是不下雨，奶奶便牵着我走。但若是遇到下雨，奶奶便只能背着我去上学，那路又是泥，又是水，还要打滑，奶奶只得很小心地背着我，弯着腰，跟着别人的脚印走。有时候太容易溜跟

以前的泥土路

头，无处可踩，那都是直接从别人地里过。下雨后，地里有庄稼，无积水，好走些，人人都从里面走，硬生生踩出一条路，虽然行为是错误的，但是大家都没办法，都是极力避免踩着庄稼。就这样，无论晴天雨天，奶奶都带着我走过那条泥巴路去上学。

我们村比我大几岁的哥哥姐姐有好几个，从我三岁便带我玩，对我很是照顾，因此从小学开始，奶奶便不再送我了，我跟着他们一同去上学。由于年龄最小，他们对我很是照顾。每每遇到下雨天，我们都会穿上雨靴，再带上换的鞋子。一路泥泞避免不了的就是雨靴和衣服一整个面目全非，有时候是路确实太过难走，下坡处带泥，即使我们是一个接着一个走，前面的牵着后面的下坡，也摔倒过不少次；有时候是孩子性使然，一路打闹，一脚踏入泥水洼，泥水飞溅到四周，衣服上、靴子上到处都有。不过学校附近的路边上有个池塘，每次我们都会将雨靴在那里洗得干干净净，因为怕掉到池塘里，每次我们都一个一个洗，其他人都拉着。

那时候下雨经常摔倒，经常摔了就哭，经常想为什么要走这样的泥巴路。而这样的泥路一直走到了三年级，也就不再走了。

情忆水泥路

那天，大货车一车一车地运来了碎石块，施工队将这些碎石块均匀地铺在了泥巴路上，因为上学的路线有一段路是狭窄的小路，所以有一段路是新开辟的。这些碎石块有砖块、有鹅卵石，即使是穿着鞋子走在上面也挺硌脚的，但是却有一个好处是下雨天不会打滑了。待碎石块都嵌得牢牢地，施工队便也再次来了，村里人一个个都很激动，在施工队不远处观望，我也很激动，我知道要修公路了。施工队重复着夹木板、架钢筋、灌混凝土的步骤，但他们一天只弄一段路，因为公路完全的定型需要一点时间，经过几天时间路便彻底修好了，终于即便是下雨，我们也能很方便地去上学。

那段时间刚修好公路，乡间小道，车也不是很多，我们这些孩子也兴起了玩活力板滑板，于是在我苦苦哀求下爸爸便也给我买了。毕竟还是太小，难免有摔倒的时候，但是摔倒后也还是高高兴兴重新滑，可有一次摔得实在太痛，膝盖擦着公路磨掉了皮，我大哭了出来，爸爸看见了很是气愤，便一下子把我的活力板摔断。我没再滑过，后来摩托车也渐渐多了，他们也没有再滑。

去上学的路好走了，但是去县城的路还是不好走。从家里到县城的那条路，从我记事起便是一条公路，镇上也有班车每天发往县城，但是每次去县城对我来说都是痛苦的事情，因为以前的我严重晕车。记得四岁那年，因为爷爷奶奶身体不好的缘故，爸爸便回家在县城帮我姑姑一起做生意，因此每次寒暑假都让我和奶奶进城去玩。以前的客车，那尾气的味道真是太难闻，无论是在车内还是车外都存在，所以每次一上车我就要枕着奶奶的腿睡觉。但是，去往县城的那条公路实在太烂了，很多地方被大型货车挤压得早已变形，原本一个半小时的车程，就因为路途颠簸，变成了两个小时，而在那条变形的公路上还时常发生堵车，原本睡觉还能抵挡晕车恶心，也变得无济于事，那时候每次都要吐。

在我爷爷去世的那天晚上，从我打电话催我爸爸和姑姑回家时，我爷爷就一直撑着，但是直到咽气我爸爸和姑姑也没能及时赶到见最后一面。那时才发现，县城到家里不过二十多公里的路，为何那么长。

车子越来越多，时常有大货车想抄近路，会从我们村的路经过。货车的碾压，还有其他因素的原因，村上的公路过了几年也有了裂缝，有的地方还凹陷了，但仍然在使用。直到上初一，我便又听说村里又要换新路了，这次还是一次大改动，通往县城的那条路同样要翻修。

情忆沥青路

钻路的机器不断打入公路中，几天时间便将一条完整的路打成一块一块混着钢筋的碎石，待将碎石清理干净，便重新露出了泥土的地基。那天施工队用木板夹着道路两边，一人驾驶着车倾倒沥青，一人驾驶着压路机跟在后面把路压实，村里人围观在一旁，如我般大的一些小孩儿和我一起隔着一段距离跟在压路机后边。刚铺上的沥青还是热的，有黑乎乎的液体还有点黏脚，不过我就想这样被粘住。

沥青路修好后，好像村里的情况逐步开始发生变化了，爸爸从县城也回来了，搞起了种植业，承包土地种植韭黄。村里人也陆陆续续有人跟着种起了蔬菜，大家伙儿联系买家来一起将蔬菜拉走，大家的生活好像变得更好了。国家政策下，各个生产队陆陆续续修起来了小区，人们可以选择放弃原本的房子，按照你原来房子的占地在小区分房。隔壁村的有钱人也花钱在家办了个家庭农场，所有村的路都是通的，很多人都去看。散步的人好像也多了起来。放学回家后，我也能看见公社的老师们从我家门前经过，有时候碰上面，也会热情地打招呼。晚饭过后，奶奶和村上的那些婆婆们都会沿着大马路边走边说，去隔壁村看看热闹又返回。而我也和我的小伙伴们约在一起，骑着自己的自行车，兜风去了。自从路越来越好走，曾经上学时的那段泥巴路，再也没走过，只是

沥青路施工时期

现在的沥青路

乘车时途经岔路口，望过去，已经杂草丛生。

中考后，我考上了我们县的重点高中，报到那天，我早早来到了车站。车站的客车也早已发生了变化，从燃油的变成了电动的，站在它旁边也没有刺鼻的味道。或许是每每寒暑假都要进城的缘故，坐车已经习惯了，且车型也变了，坐上去时，我并没有感到什么不适。之前进城客车都是绕道走的，这是新路修好后，我第一次进城。坐在车上，我竟然没有一点想要吐的感觉，全程平缓，且从镇上到县城只需要四十分钟，又快又舒适。

高中的三年里，我不知乘上过多少趟客车，走过多少次从县城到家的那条沥青路，它十分地牢固和坚韧，多少趟大型客车、大型货车从它的身体上驶过也没能将它压垮。

一路承情，一直向好

幼时的泥巴路，每一个泥泞路上的脚印都印上了奶奶的爱，每一次摔倒的经历都是一次成长，每一次的伙伴搭把手都蕴含着孩子般的善良；童年时期的公路帮助人们更加便利地通行，但是被毁坏的公路有时显得格外的长；推掉烂掉的公路，沥青路使得交通更加的便捷，它能承载更多的重量，吸引了在家的人们发展经济。要想富，先修路，我家乡的道路从泥巴路到水泥路再到沥青路的变迁，也包含了许多的情，路的变化也是人们生活变化的一个缩影，人们的生活一直在向好的方向发展。

就像我们村的变化一样，天府国际机场竟然建在了我们县，虽然那一片已经划成了东部新区，但是自其建成后也是在无时无刻不影响着周围地区的经济发展。任何一条路的开辟和修建，都在引领着生活一直向好。

我的住房经历

朱立新

　　我和我们的祖国是同龄人，从出生到今天，换了多处居所。小的时候，随父母搬了四次家，都是平房居民区，一条一条的土路街道两侧是一排排平房，十间房子为一排，一间房子约为 10 平方米。1960 年，我和妹妹、弟弟、爸爸和妈妈就居住着两间这样的房子。当时，都是土炕不讲究睡床，土炕的形式是顺着平房的栅墙，从前窗到后檐墙，叫作"顺栅炕"。

　　妹妹和弟弟还小，跟爸妈在一起睡在大炕上。我当年十岁多，爸爸给我钉了一个小板床，放在大炕对面的栅墙处。中间的空地，现在应该叫它"客厅"吧，所有起居、生活、做饭、吃饭待客都在这个空间里，包括我和妹妹学习写作业也是用吃饭的桌子。

　　每家都没有厨房，煤球火炉放在院子里。等到雨天，只好把火炉搬到房檐下勉强做饭，有时遇上大风大雨能把火炉浇灭。这样的生活条件父亲母亲维持到 20 世纪 90 年代中叶。

　　我是 1966 届初中毕业，由于"文化大革命"，到 1968 年底，我响应国家号召下乡到北京郊区插队落户，住在农民家里。当时的北京郊区也很贫困，一般家庭居住条件都是三间北屋，叫作"虎豹头"，是指三间房一明两暗，中间开门（像虎口），东西两间各有一个前窗，大概这两扇窗户就像虎眼吧？

　　中间房子靠西墙有个灶台做饭，兼给西房卧室烧炕供暖，火墙旁边会放水缸。中间房子靠东墙，有个木板架起来，用来放面板，切菜做饭，下面堆些柴草、杂物和食材。

东西两房为卧室，一般东为上，东房是顺栅炕，靠南边窗户下有灶台，到天冷后烧热水供全家洗漱用。同时它的热火通道给东卧室供暖。西卧室一般都靠着南窗下有一个火炕连着中间屋里做饭的灶台，同时取暖。这个火炕又称为"前沿炕"。这就是三间房的基本结构和用途。

殷实一点的家庭，有盖五间房的，就是在三间"虎豹头"的基础上，左、右（东西）再加一间房。一般这两间房比较小，因为看上去，它们就像两个耳朵，挂在中间大房子的两侧，所以又叫作耳房，东边叫东耳房，西边叫西耳房。

还有更殷实一点的家庭，就直接盖五间一样大小的房子，这在当时的农村里就是最高规格的房屋，叫作"五间一条脊"。房顶上，有钱的人家挂瓦，没钱的人家抹灰梗，再没钱的人家就直接抹"滑秸泥"（用轧断成半尺左右长短的稻草或麦秸的秸秆，和黄泥和在一起，增加拉伸度强度），或是挂一遍"麻刀灰"（把烂麻绳头，一般都是织麻袋或是打麻绳剩下的下脚料切断，与白灰膏和在一起增加白灰膏的拉伸能力）。

从1968年12月至1974年4月，我下乡插队在农村生活了6年多，曾帮助了很多农民家里盖房。当时，农民家盖房都是邻里乡亲互助帮忙，没有工程队可请。那时，要请假不出勤上班，是要扣工分的，但是盖房的主家会给帮工们吃饭。大家管帮忙来干活的人叫作"帮工"。我当时什么都不会，就学习做杂工、搬砖、推土车、送料，甚至是帮厨，洗菜、涮锅、洗碗，无论什么活都干。盖房的主家很感谢来帮工的人，那时都不给帮工钱，但是管饭，有个别困难户不管饭，但大家都能谅解。

农村有句话叫"春种秋收"，我那时请假帮助大家盖房出了一份力，日后如果我要盖房子，一般大家都会来帮工的。那时候不知道插队要到何年何月，没有一点儿回城的希望，所以连我一个知青都存了几百斤稻谷，以备日后盖房请大家吃饭。

没有想到，1974年春节后，我收到回城上学的信息。于是我便来到了北京建筑工程学校，这就是今天的北京建筑大学前身。我在建筑工程学校读书毕业后留校工作，可能是建筑学校的原因，职工住房条件挺好，至少每个人结婚都能分到一间房子，这在20世纪七八十年代就是很好的单位了。从那个时代过来的老人，都能理解当时能有一间房子住是多么不容易。

我毕业后结婚时，由于爱人还在湖北宜昌部队当兵，我就从学校分到一间小房（12平方米），它是一个合居两居室其中的小间。在这里住了七八年，直到1984年秋，爱人转业了孩子也上一年级，我又升级搬到学校筒子楼里一间22平方米的住房，但是没有厨房，只能在楼道里做饭，当时大家做饭都用煤气罐。

学校升级为大专以后，招聘了许多老教师来校任教，但是没有家属宿舍，只好把集体宿舍，改成职工家属宿舍。

建工学校是解放初期由苏联专家帮助设计的。教学楼、办公楼、学生宿舍、家属宿舍、实验楼等都是大屋顶的俄式建筑。

1988年爱人从部队转业到北京市环境保护科学研究所工作。环保所给爱人置换了一套建筑面积63平方米的两居室，条件是把建工学院的22平方米房子置换给在校外居住的同事。我们在这个63平方米房屋住了10年。1998年临近退休，孩子长大了，父母公婆也老了，要常接来住一住，原有的63平方米建筑面积的房子，居住起来显得拥挤不堪。

那个时候商品房已经上市，单位福利分房制度逐渐收尾。面对着高昂的房价和拥挤的旧居，我们几个同事不约而同地发起了到农村盖房的想法。于是乎，几个人携手下乡，寻找合适的位置（当时国家推行了帮助农村搞开发的政策）。功夫不负有心人，几个月后，在北京郊区西山尾脉凤凰岭的山区，寻找到了一块山坡荒地，几个同事开始了自己建设新家的梦想。每个人根据自己的经济能力和现实状况，分别设计了自己的房屋样式。

我当时自行设计了我的房屋，和妹妹一起建成了一个连体的两梯两户住房。原本只想盖三间平房，过一过久违的田园生活，缓解一下在城里多年的蜗居生活状态，放飞一下身心。没想到，人心啊无休止地膨胀了！当大家都设计好了一层平房图纸以后，在一起商议工程造价的问题，忽然发现盖一层平房要比盖两层楼房平均造价高很多，于是大家又纷纷把自己的一层图纸加盖成两层小楼。

经过了两年多基建和装修，几栋小楼在荒山坡上拔地而起。小楼的建成，彻底改变了我们几家几十年的居住环境，全体盖房的同事和家人们都兴奋了好几年。

虽然这个田园之家很好，但是交通很不方便。因为是在山区离城里很远，没有公交车，生活购物很不方便，尤其冬天的取暖是最大的难题。由于交通困难，长期步行几公里才能回到这个家的磨难，逼得我一定要学会自己开汽车。于是在 2004 年，当时已经是 55 岁老太婆的我学会了开汽车，也因此至今我已经是 74 岁的老人，仍然自己开汽车外出购物、到医院看病等，所有事情都自己去解决。

为了方便回到这个田园之家，我只好就近在山下的农村买了个二手的楼房。房子很好也很大，一梯两户，足足有 140 平方米，但是至今仍然是小产权。这个房子最大的优点是集体供暖，也要求业主无论是否在此居住，都必须按期交纳取暖费，这样可以保证冬天每一家的每个房间的室内温度。这个房子有三个卧室，两个厕所，客厅加餐厅有 45 平方米。南北双阳台，建设时做了全封闭。南向阳台有 1.5 米宽，4.5 米的落地大窗和客厅连在一起，更宽敞、明亮。北向的阳台也有 1.3 米宽、4 米多长，和厨房连在一起，可以放些生活用品和食材。尤其是冬天，它是一个很好的天然大冰箱和冷藏室。

唯一的缺点是两个卫生间都没有窗户，哪怕 50 厘米的透气窗都没有。这个缺点使得房子的价值大打折扣，无论怎样注意清洁厕所卫生，年久了都不可避免地会散发出下水道的余臭味。尤其是夏天，气压低热的时候。

在这里又居住了 10 年。不管房子多好，但它的地理位置决定了冬天的寒冷是无可改变的。尤其它位于北京的北部地区西山脚下，相应的室外温度、年平均温度要比北京市区低 2～3℃。由于我腰疼有风湿病，到了冬天疼痛加剧，怕冷不敢出家门，一个冬天 5 个月，都要在家里猫冬。即使这样还是不能减轻疼痛的折磨。有一次到医院看病，偶然遇到我的一位老师，他听说我冬天病痛严重，就规劝我冬天最好到海南去避冬。因为他本人有严重的哮喘病，已经到海南过了两个冬天，效果极佳。

我曾在 2003 年冬天和 2007 年春天，两度去海南三亚旅游。当时海南的房价很低，却不曾想过日后会到海南长期居住。2009 年底的冬天，我踏上了去三亚的旅居之路，一口气就在三亚居住了 62 天。这一次的海南之旅，让我彻底地爱上了海南三亚这块宝地。这里简直就是老人养老的天堂。

冬天的海南，尤其是三亚，到处都是绿树成荫、椰林蔽日，美丽的凤尾竹婆娑缥缈，盛开的鲜花在蓝天白云的映衬下格外鲜艳，远处的大海沙滩也是分外迷人。到处歌舞升平，各种悠扬的乐器声此起彼伏，好一派祥和的天上人间。

随着时代的发展，改革步伐的加快。2010年1月9日，国家发出了要把海南岛打造成国际旅游岛的号令。我趁着海南岛房价低迷之际，买了一套80平方米的电梯房。这套电梯房，坐落在三亚市崖州古城的南滨农场，距离崖州古城三公里。南临环岛高速公路，大小洞天景区出口处一公里。再往南8公里就是天下闻名的佛教圣地海南岛南山寺，那里矗立着世界最高的白色大理石，三面菩萨雕像，身高108米。虔诚的佛教信众凡到海南来者，必去跪拜南海观音。

别看三亚这套房是小产权房，它可是我居住过的房子中最满意的一套，简直是无可挑剔。无论是室内格局，还是室外环境，处处是人性化的考虑，也可能是三亚特殊的地理位置，造就了他得天独厚的优点吧。

这里的楼房每一个房间都有窗，哪怕是把窗子开到楼道里，也绝不会让厨房或厕所封闭无窗，所以通透性特别好。单元房进门，左边是厕所，右边是厨房，厕所窗开向楼道，厨房窗开向西面。这套房子南北通透，室内格局充分利用，没有死角和浪费的空间。进门除去左右厨房门和厕所门，中间走过两米的夹道，直接通向阳台，把阳台封装起来，打通后跟客厅连成一体，开阔的大客厅和明亮的落地窗，使得房间更加开阔舒畅。两个卧室一个南窗一个西窗，而且都是飘窗，也显得室内开阔敞亮。

更让人欣慰的是楼道里的布局。这个楼房是三角形结构，中间有两部电梯，分别以两个电梯为界，分成左半部和右半部，就像人的两只手一样对称。一层楼十二户，半边是六户。这六户人家都分别在外围，中间有一个十几平方米的共用楼道平台。六户人家住在这里好像是一个平房小院。有的楼层业主，在平台中放一张桌子，邻居们有时打打麻将、玩玩纸牌，有时喝个茶，坐在一起聊聊天。由于气候温暖，邻居们都是从起床就开着大门（只有外出和晚上睡觉才关门），即便在各自屋子里，都可以随便聊几句。这个平台让邻里们相处很和谐，好像一家人。谁家做饭时缺个葱少个姜，随时可以互相借用，谁家买多了便宜的蔬菜、水果，随时各家分一份帮忙吃掉。

我住了一辈子北方的楼房，无论是一梯三户还是一梯两户，不管有没有电梯，大家都是一进屋子就房门紧闭，各过各的日子。邻居之间即使有事，都要先敲门，一般都是一个门里一个门外，把事情说完，就回各自的房间，很少有到邻居家里。这样的邻里关系在客气之余却显得格外生疏，甚至有的邻居在楼道里碰上都不知道是哪一家的。

我很喜欢海南这套房子，也许是老了的缘故，惧怕孤独。我喜欢这类似平房小院的布局，它让人们感到温暖和亲切。我喜爱这套房子，还有个更大的优点，也是海南许多楼房的共性，即最底下的一层楼不用来居住，整个一层楼都打通形成活动大厅，可以用来供业主娱乐，唱歌、下棋、打台球、乒乓球、健身器、打麻将……更主要的优点就是外面下雨时，业主们也可以照样在一楼大厅里散步遛弯，热天可以避晒，雨天可以避雨。这大概也是海南许多小区的一大共同特点。

综上所述，简单地回忆了一下我这几十年来的住房经历，只是挑选了几个阶段的住房感受，足以反映出在国家快速发展的进程中，人居环境的不断改善和幸福前景。

我的"家"

朱清清

　　"哇，你家好美呀！"自从我在微信朋友圈晒自己家的房子便经常会听到这样的赞美。其实，每个人都有自己梦想中的家。于我而言，打造现在的家，我用了整整 20 年的时间。

双一老家

　　我 11 岁之前，都是住在双一老家。老房子是一幢 2 层楼房，外立面是徽派建筑风貌，东西两个厢房上下各两间房，中间有一个天井。房子的主体是木结构的，四面墙都是泥土夯起来的，没有一点点的水泥，虽然这房子冬暖夏凉，就是木楼板踩上去咯吱作响，哪怕是只老鼠在走也听得一清二楚。以前条件没那么好的时候，兄弟几家都是住在一起的，所以自我记事以来，"鼎盛时期"住了我们和三个叔叔、小爷爷四户人家十几口人。厢房也被隔得七七八八，用于满足各家的生活所需。还是孩子的我，就是觉得家里特别热闹，尤其是到了饭点的时候，各家灶头飘香，就会窜来窜去"打牙祭"，乐此不疲。随着生活条件好转，他们陆续离开老屋另建新房，很多隔间闲置下来，爸爸就推掉了隔墙，恢复了老房子最初的面貌。原来厅堂好宽敞哟，慢慢就喜欢搬个椅子坐在厅堂，春天看燕子来做窝，叽叽喳喳报春讯；夏天看落雨，在厅前挂成一道雨帘；秋天听风声，从厅堂拐弯跑；冬天看飘雪，一片又一片。离开老家以后的很多年，每到假期我都还是喜欢回老家住些时日，尽管房子早就没有人住，因为这个天井能维持通风，所以一直保存完好。后来，村里建高速公路，正好是从家对面的山体打洞而过，老房子毕竟是泥土夯筑的，在道路施工时被石炮震成了危房，不得不拆除。拆房那天我们一家都到了现场，虽然心中有百般不舍，在最后一堵墙拆除的那一刻，老房子真的成了"老房子"了。次年，老爸在原址新建了房子，特意让设计师设计了一个天井，但钢筋混凝土的房子终究找不回老房子的生机了。那会儿，我就在想，以后我一定要造一间自己理想中的房子。

商品房

11 岁以后，跟随父亲工作调动不断变换住所，是的，只能称之为"住所"。办公房、厂房、库房、工具房，想到的想不到的，我们差不多都"体验"过了，出门在外，只要一家人都在一起，房子能住就行，自然也就没有"家"的感觉。等老爸终于调回县城工作，我们才有机会买了一套商品房。那个年代，对于能在县城买个房子，算是"大事情"了，尤其是像我爸爸这样的工薪阶层，如果不是一半房款是享受的单位分房福利，那是想都不敢想的事了。房子只有 84 平方米左右，二室一厅，那会儿我和妹妹都还在读书，住宿舍的时间比在家里时间多，爸妈白天也都在上班，大家无非晚上回家睡个觉，也就没觉得房子小。结婚后，有了自己的房子，也一样是县城的商品房，但早已经没了第一次住商品房的新鲜和满足感了，无非是一天忙碌奔波后有一个自己的窝。

我的"双清阁"

回乡下造房子，这个念头在心底来来回回酝酿多年，一来孩子读书实在没有精力回去造，二来呢也是财力有限，迟迟没有下定决心。最终下决心造，还真的是临时起意。因为想着公婆年纪大了，我们又不是每天都在身边，家里房子是 20 世纪 90 年代造的，虽然住着没有问题，关键是厕所是建在外面的，老人家起夜上厕所非常不方便，也担心他们半夜起来万一摔跤。就叫了朋友去看下，如何给他们房间改造一下加个卫生间。不看不知道，一看吓一跳，那个年代的建房用的是预制板，房子已经到处是细小的裂缝，而且那会儿可能是没钱，所以先建了一间，然后有钱再在边上补搭一间又一间，如果维持原样也不至于立即会倒塌，但已经有安全隐患，而且要改造的话首先得加固原有墙体，这样一来的费用还不如重新建房。思来想去，为了老人家的安全和生活便捷，也为了圆心中的那个梦，那就重新造吧！

　　这个时候，有个设计师朋友的好处立刻就显现出来了。当我把要重新建房的想法告诉朋友，和他交流了我的一些具体诉求：比如，不能超审批面积，公共空间要宽敞明亮，公婆要有相对独立的活动空间，我要有一间书房，院子里要满足同时种菜和种花。最终，他采用了积木堆叠的一个设计构思，下面两个方形积木，上面一个三角形的，搭建形成了一楼客厅、餐厅、书房以及公婆住宿的综合空间，二楼两个房间，阁楼可休闲住宿两用。房屋南立面全部采用玻璃幕墙，既增强了建筑现代感，又满足了室内通透明亮的需求。我们花了半年的时间建房，近一年半的时间装修和整理院子。历时两年，"我有一所房子，面朝南溪，春暖花开"，我的"双清阁"终于落成。

　　从县城到乡下的家开车半小时，不远。但工作日还是比较忙，先生的工作经常早出晚归，所以我们基本是周末回乡下住。房子平时公婆住着，都是干净整洁的模样。公公的菜也种得很好，一年四季，我们回乡下的蔬菜基本不用买，能自给自足。院子里种了桂花、樱花、海棠、杜鹃、紫薇、枫树，还有油画牡丹、绣球、月季、芝樱、黄木香等几十种花。菜地是公公的责任田，伺候好这些花花草草就是我的任务了，一座漂亮的院子是要费心费力去打理的。每

乡下的家

庭院一角

餐厅今日有客来   卧室

天早上，当第一缕阳光从地平线升起的时候，我就在鸟鸣声中醒来，先在院子里巡视一圈，浇水、拔草、除虫、施肥。尔后，沐浴着阳光在院子里吃个早餐，然后开启一天的乡间生活。大多时候上午进厨房准备些吃的，下午就进书房听歌喝茶和写字。因为有了这样的空间，得空的时候就邀请朋友们来家里赏花喝茶，三月的樱花，四月的牡丹，五月的月季，六月的绣球……花园不大，但也是月月有花香，处处有惊喜。

后　记

在《中国人居印象 75 年（1949—2024）》的编撰过程中，我们怀着一颗感恩的心，通过来自全国各地、各行各业的三十位作者的亲身经历与感悟，得以窥见新中国成立以来居住环境的演进轨迹，感受时代变迁带给每个人的独特影响。

文集的每一章节，都是作者们生活点滴的记录，他们以细腻的笔触，合绘了从孩提时代到成家立业，再到子孙满堂的成长历程。这些故事不仅展现了个人命运与国家发展之间的紧密联系，更展示了居住环境变化对社会结构、家庭关系、文化传承等多方面的影响。通过这些真实而生动的叙述，读者可以感受到新中国七十五年来的社会变迁与时代风貌。

感谢一生致力于在荒漠化地区改善生存居住条件的宝日勒岱老额尼和我们讲述老一辈如何将沙漠变绿洲的动人故事；感谢龙胜各族自治县大寨村潘保玉先生为我们介绍如何带领村民通过景观遗产活化进行旅游扶贫的亲历事迹；感谢长居北京的西班牙景观设计师 José Manuel Ruiz Guerrero 向我们传递一个外国人对于中国城市居住环境变化的真实心声；感谢共青团中国青年志愿者扶贫接力计划研究生支教团中国农业大学服务队的年轻老师们同我们分享从首都到边疆虽短暂但精彩的生活经历；感谢每一位作者的倾情投入与无私奉献，是你们的亲身经历与深刻思考，赋予了这本文集生命与灵魂。

在此特别要感谢中国可持续发展研究会，中国建筑设计研究院有限公司，国家住宅与居住环境工程技术研究中心，以及桂林市、临沧市、鄂尔多斯市、枣庄市、海南藏族自治州、承德市、深圳市、湖州市、郴州市等国家可持续发展议程创新示范区的各位领导、同事在本文集成文过程中的大力支持，是大家对中国可持续发展研究会人居环境专业委员会多年来不懈努力的认可与肯定，才促成了《中国人居印象75年（1949-2024）》这部我们向新中国成立75周年的献礼作品。

作为中国可持续发展研究会的一员，我们深知自己肩负的责任与使命。自成立以来，我们始终秉持以人为本的理念，关注人居环境的持续改进与发展，积极参与国内外的交流合作，为推动全球可持续发展目标的实现贡献中国智慧与经验。本部文集的英文版《Kaleidoscope：Housing & Living（1949-2024）》也将于2024年11月在埃及首都开罗举办的联合国第十二届世界城市论坛上，向全球发布，更为积极主动地向全世界讲述可持续发展的中国人居故事。

在此，我再次向编制团队以及所有支持与帮助过我们的人表示感谢，没有你们的支持与鼓励，我们无法完成这样一份厚重而珍贵的著作。我们希望通过这本文集，让更多人关注到居住环境对于个人乃至整个社会的重要性，激发更多人参与到改善居住环境、促进可持续发展的行动中来。让我们携手前行，为创造更加和谐、宜居的美好家园而努力。

中国可持续发展研究会　常务理事
人居环境专业委员会　秘书长　张晓彤

2024年9月